矿用大功率变频调速关键技术研究与应用

范 波 著

科学出版社
北 京

内 容 简 介

大功率交流调速技术在矿用提升设备调速中得到了越来越多的应用，解决矿用设备快速启制动与四象限运行等控制问题具有十分重要的理论与现实意义。本书以符合工况下的矿用提升交流调速系统为研究背景，针对感应电机参数识别方法、LCL滤波的PWM整流器控制、矢量控制预励磁启动技术、双PWM变频协调控制等问题进行了深入研究，为提高大容量位能负载交流调速系统控制的稳定与安全以及节能减排效率，提供新的思路与理论依据。

本书内容为作者近年来的研究成果，包含相关领域的研究热点与创新发展。本专著可供从事电力电子技术、交流调速系统、电气传动技术和矿山机电系统研究、设计和应用的科技人员和高等院校师生阅读和参考。

图书在版编目(CIP)数据

矿用大功率变频调速关键技术研究与应用/范波著. —北京：科学出版社，2016.3

ISBN 978-7-03-047546-6

Ⅰ. ①矿… Ⅱ. ①范… Ⅲ. ①矿井提升机-变频调速-研究 Ⅳ. ①TD63

中国版本图书馆CIP数据核字(2016)第044456号

责任编辑：张海娜 霍明亮 / 责任校对：桂伟利
责任印制：张 伟 / 封面设计：蓝正设计

科学出版社 出版
北京东黄城根北街16号
邮政编码：100717
http://www.sciencep.com
北京教图印刷有限公司印刷
科学出版社发行 各地新华书店经销
*
2016年3月第 一 版 开本：720×1000 B5
2016年3月第一次印刷 印张：11
字数：250 000

定价：80.00元

(如有印装质量问题，我社负责调换)

前　　言

矿井提升机是现阶段煤矿行业日常生产中所必备的大型提升机械设备，在煤矿生产中主要是用来将煤矿从井下提升到地面高度。矿井提升机同时也是联系井上与井下的重要途径，这就要求矿井提升机的性能必须达到相应的客观要求，矿井提升机在整个运行过程中必须保证运行的安全性、流畅性，避免一切可能产生的故障。根据“国家对落后的耗能过高的用能产品实行淘汰制度”的规定，企业为满足节能降耗，提高经济效益的需要，矿用提升机电动机转子串电阻调速这种落后的能耗过高的产品必将被新型的先进节能产品所代替，平稳无级调速的、节能率高的变频交流调速装置必将成为矿用提升机电控装置配套的主流。

变频调速技术涉及电子、电工、信息与控制等多个学科领域，属于国家大力推广的高性能节能产品，并已广泛应用于工农业生产的各个领域。采用变频调速技术是节能降耗、改善控制性能、提高产品产量和质量的重要途径，在生产中已取得了良好的应用效果和显著的经济效益。但是，通用变频器的拓扑结构使其不能直接用于像矿用提升机这样需要快速启动、制动和频繁正、反转的调速系统。矿井提升机变频调速系统要求具有整流环节网侧电流正弦化，运行于单位功率因数，并且能够实现能量双向流动等运行特性。因此，在能源资源日趋紧张的今天，使矿用大容量提升机能精确制动、具有良好的动态性能的变频调速系统无疑对研究节能降耗具有十分重要的现实意义。

矿井提升机属于大功率电机，在提升过程中速度的调节是必不可少的，在实际运行中提升机交流调速电控装置应满足以下要求：①负载是恒转矩性质的，在上升以及下降中，能实现电机的平稳无级调速；②矿井提升机需要具备较硬的机械特性曲线，在运行阶段不因负载的突然变化而造成运行故障。这两个要求对矿井提升机实际的生产和保证矿井提升机的良好提升性能起着至关重要的作用。矿井提升机变频调速系统的良好运行，才能保证生产的顺利，因此在变频系统的控制策略上，必须进行不断的改善，才能适应相应的工作状况要求。

本书共13章。第1章介绍了矿井提升机系统设备在国内外的发展与现状，简要描述了矿井提升机电力传动的研究现状，并对矿井提升机的调速性能进行了分析。第2章描述了感应电机的数学模型，分析了传统电机参数辨识方法，研究了基于变频器自身资源实现的电机参数辨识方案，给出了具体的实施方式。第3章对矢量控制中的磁链观测器进行了改进，用非线性正交方法提高了其对参数变化的适应能力，部分解决了困扰传统电压模型的积分饱和偏移问题，提高了精度和应用范围。第 4 章以电机的数学模型为基础，建立了基于矿产资源评价系统(MRAS)的全阶磁链观测器，其中在磁链的估算中，拟采用电压模型和电流模型的复合形式；同时，改善反馈矩阵，实现了两个模型的平滑切换。第 5 章构建了基于模型参考自适应的矢量控制系统，给出了以 MRAS 的全阶磁链观测器为参数辨识的方法，通过搭建无速度传感器矢量控制系统的仿真模型，验证了设计方法的可行性。第 6 章分析了脉冲宽度调制(PWM)整流器工作原理，给出 LCL 滤波的 PWM 整流器拓扑结构和其在静止 a-b-c 坐标系下的数学模型，并利用坐标变换的概念，推导出 LCL 滤波的 PWM 整流器在两相同步旋转 d-q 坐标系下的数学模型。第 7 章详细介绍了 LCL 滤波器的传统设计方法，分析了传统方法的缺点，并提出了采用粒子群算法对 LCL 滤波器进行参数优化设计，计算和仿真结果表明，粒子群算法比传统算法简单有效。第 8 章讨论了 PWM 整流器固定开关频率控制策略，针对 LCL 滤波器存在的谐振问题，提出一种基于 LCL 滤波的 PWM 整流器无阻尼控制策略。利用系统延时和固定开关频率控制本身的阻尼，通过调节 PI 调节器的采样时间实现系统稳定。第 9 章将交流电机定子的磁链概念融合到直接功率控制中，通过虚拟磁链的矢量估算和定向瞬时功率，得到了基于虚拟磁链的直接功率控制方法，在非理想电网时能实现对 PWM 整流器的良好控制。第 10 章与第 11 章详细分析了基于矢量控制的直流预励磁以及交流预励磁启动方案，同时对直流预励磁启动方案和交流预励磁启动方案进行了对比并分析了两种预励磁方案的适用场合，验证了预励磁启动方案在实际中的有效性。第 12、13 章分别基于负载的电流信息前馈和功率信息前馈，研究了双 PWM 变频协调控制策略。根据异步电机的数学模型计算出负载的电流，将此电流前馈给整流器部分双闭环控制中的电流内环，形成负载电流信息前馈控制；根据瞬时功率和双 PWM 变频系统的功率流动情况，估算出负载的功率，将负载功率前馈给整流器，构建负载功率的前馈通道，仿真与实验表明了双 PWM 变频系统的工作性能良好。

面向矿井提升机的大功率交流调速系统研究一直是电气工程与自动控制领域的研究热点，如何尽量发挥设备能力的同时降低能耗是衡量电控系统的重要指标。通过大功率变频调速技术研究的不断深入，会不断涌现出更多的新理论与应用，更好地服务于国民经济发展。

由于作者水平有限，书中难免有不足之处，欢迎广大读者提出宝贵意见。

目　　录

第1章　绪　　论

1.1　引　　言

矿井提升机是煤矿、有色金属矿生产过程中的重要设备。提升机的安全、可靠、有效地高速运行，直接关系到企业的生产状况和经济效益。矿井提升系统具有环节多、控制复杂、运行速度快、惯性质量大、运行特性复杂的特点，且工作状况经常交替转换。虽然矿井提升系统本身有一些安全保护措施，但是由于现场使用环境条件恶劣，造成了各种机械零件和电气元件的功能失效，以及操作者的人为过失和对行程监测研究的局限性，使得现有保护未能达到预期的效果，致使提升系统的事故至今仍未能消除[1]。一旦提升机的行程失去控制，没有按照给定速度曲线运行，就会发生提升机超速、过卷事故，造成楔形罐道、箕斗的损坏，影响矿井正常生产，甚至造成重大人员伤亡，给煤矿生产带来极大的经济损失。

所以提升机调速控制系统的研究一直是社会各界人士共同关注的一个重大课题。电气控制方式在很大程度上决定了提升机能否实现平稳、安全、可靠地起制动运行，避免了严重的机械磨损，防止较大的机械冲击，减少机械部分维修的工作量，延长提升机械的使用寿命。随着矿井提升系统自动化，改善提升系统的性能，以及提高提升设备的提升能力等要求，对电气传动方式提出了更高的要求。对矿井提升机电气传动系统的要求是：有良好的调速性能，调速精度高，四象限运行，能快速进行正、反转运行，动态响应速度快，有准确的制动和定位功能，可靠性要求高等[2]。

目前，我国地下矿山矿井提升机的电气传动系统主要有：对于大型矿井提升机，主要采用晶闸管变流器-直流电动机传动控制系统和同步电动机矢量控制交-交变频传动控制系统。这两种系统大都采用数字控制方式实现控制系统的高自动化运行，效率高，有准确的制动和定位功能，运行可靠性高，但造价昂贵，中小矿井难以承受。对于中小型提升机，则多采用交流绕线式电动机转子切换电阻调速的交流电气传动系统，即 TKD 电控系统[3]。这种电气传动系统设备简单，但属于有级调速，提升机在减速和爬行阶段的速度控制性能较差，特别在负载变动时很难实现恒加减速控制，经常会造成过放或过卷事故。提升机频繁的启动和制动工作过程会使转子串电阻调速产生相当严重的能耗，另外转子串电阻调速控制电路复杂，接触器、电阻器、绕线电机电刷等容易损坏，影响生产效益。

将变频调速技术应用于矿井提升机是矿井提升机电气传动系统的发展方向。对于现采用TKD电控系统的中小型矿井，随着变频调速技术的发展，交-直-交电压型变频调速技术已开始在矿井提升机改造中应用。变频器的调速控制可以实现提升机的恒加速和恒减速控制，消除了转子串电阻造成的能耗，具有十分明显的节能效果。变频器调速控制电路简单，克服了接触器、电阻器、绕线电机电刷等容易损坏的缺点，降低了故障和事故的发生。随着变频调速技术及可编程序控制器(PLC)发展和应用的成熟与普及，变频器可以实现矿井提升机的连续无级调速，装备PLC的提升机在矿山中得到广泛应用，并以其结构紧凑、安装灵活、性能稳定、可靠性高、节能环保等突出优点，赢得了广大用户的认同。采用PLC控制，已成为厂家及用户的首选方案。它不仅减少了设备维护量，缩短维修时间，更重要的是可以大大提高提升机运行的安全性和可靠性，提高生产效率。

经过理论分析与工程调研，我们认为：研究与开发矿井提升机大功率变频调速控制系统对提高矿井提升机的安全性、可靠性以及运输效率具有重要的现实意义。

1.2 矿井提升机系统概述

1.2.1 矿井提升设备的发展历程

1872年，世界上出现了第一台由蒸汽机拖动的单绳缠绕式提升机。自此，在近150年的历史中，矿井提升设备随着生产需求的变化和技术的进步，得到了不断的发展：1877年德国人葛培设计出第一台单绳摩擦式提升机；1938年多绳摩擦提升设备的研制，满足了深井提升的需求；1958年南非超千米矿井使用了多绳缠绕式提升机；1988年德国安装了第一台同步电动机与摩擦轮内的内装式提升机。

现代矿井提升设备由大型机械-电气机组组成，提升容器在有限的运距(提升高度)内往返高速运行，其速度、加速度、减速带要求严格且准确的控制。因此，除传力、承力及运载机械部件外，还需配备完善的拖动控制、安全监测及设备信号灯系统与设备，矿井提升设备外观图如图1.1所示。

目前全世界运行的矿井提升设备，最大速度达到20～25m/s，一次提升量达到50t；拖动电机容量已超过1万kW，井深超过2000m(分段提升超过3600m)。由于矿井生产的强化和集中化，以下矿井为了满足生产量及不同提升任务的要求，经常在一个井筒安装多台提升机——机群。例如，瑞典的某矿在1个矩形提升塔上安装了12台多绳摩擦式提升机，并采用集中控制。

随着现代技术进步及采矿工业的发展，矿井提升设备在机械结构、工艺、设计理论及方法、拖动控制及安全监测等方面都有了很大发展。例如，中低压及中高

图 1.1　矿井提升设备外观图

压盘式闸及液压站、硬齿面行星齿轮传动等应用；内装式同步电动机主轴装置的研制与应用；利用系统工程方法对矿井提升系统进行方案设计与改造；矿井提升系统的模块化及仿真都取得了较新的成就；拖动类型除直流电动机拖动调速、异步电动机拖动调速外，交-交变频器供电的同步电动机拖动方案已在大型矿井提升机得到应用；由 PLC 构成的提升工艺控制、安全回路、监测回路、行程控制器、制动控制及井筒信号系统已有典型产品。

1.2.2　国内提升设备的发展与现状

早在公元前 1100 年左右，我国古代劳动人民就发明了辘轳，用手摇辘轳的方法提升地下矿产物，这就是现代提升机的始祖。但是由于我国长期处于封建社会，工业技术没有得到正常发展，直到全国解放时，我国还不能生产矿井提升机。1953 年抚顺重型机器厂为我国制造了第一台单绳缠绕式提升机；1958 年洛阳矿山机器厂(现为中信重工机械股份有限公司)开始仿制苏联 EM 型矿井提升机，并在改进国外产品的基础上，于 1961 年自行设计和制造了我国第一台 JKM2×4 型多绳摩擦式提升机，1971 年又在 XKT 型提升机的基础上设计、制造了 JK 系列单绳缠绕式提升机，此系列提升机采用了新的结构形式和先进技术，提升机的能力比老系列提升机平均提高 25%，其质量也相应地有所减少。现作为国家定型产品成批生产，并销售到十几个国家。1992 年又生产了直连式的多绳摩擦式提升机，为我国深部开采和开采大产量的矿井及直流电机拖动的推广应用，提供了性能良好、技术先进的设备。

目前，大多数中小型矿井采用斜井绞车提升，传统斜井提升机普遍采用交流绕线式电机串电阻调速系统，电阻的投切用继电器-交流接触器控制。这种控制系统由于调速过程中交流接触器动作频繁，设备运行的时间较长，交流接触器主触头易氧化，引发设备故障。另外，提升机在减速和爬行阶段的速度控制性能较差，经常会造成停车位置不准确;提升机频繁的启动、调速和制动,在转子外电路所串电阻上产生相当大的功耗,节能较差;这种交流绕线式电机串电阻调速系统属于有级调速,调速的平滑性差;低速时机械特性较软,静差率较大;启动过程和调速换挡过程中电流冲击大;中高速运行振动大,安全性较差。鉴于此有必要对提升机的控制方式及调速性能做进一步的分析。

提升机工作原理:煤矿井下采煤,采好的煤通过斜井用提升机将煤车拖到地面上来。煤车厢与火车的运货车厢类似,只不过高度和体积小一些。在井口有一绞车提升机,由电机经减速器带动卷筒旋转,钢丝绳在卷筒上缠绕数周后挂上一列煤车车厢(单提升,多数煤矿都采用单提升),在电机的驱动下将装满煤的列车从斜井拖上来;卸载完成后,再将空车在电机的拖动下沿斜井放下去。当提升机需要停车时,从操作台发出停车指令,从而对卷筒进行抱闸制动。

矿井提升的整个过程可以分为五个阶段:加速阶段、等速阶段、减速阶段、爬行阶段、停车抱闸阶段。加速阶段是提升机从静止状态启动加速到最高速度;等速阶段是提升机的主要运行阶段,提升机以最高速度稳速运行;减速阶段是提升机从最高速度减速到爬行速度;爬行阶段是箕斗定位和准备安全停车阶段。

矿井提升的工作特点:箕斗在一定的距离(井深)内,以较高的速度往复运行,完成上升与下降的任务。鉴于在矿井提升机的工作特点,为确保提升机能够达到高效、安全、可靠地连续工作,其必须具备良好的机械性能,良好的电气控制设备和完善的保护装置。

我国能生产矿井提升机的企业主要有洛阳矿山机器厂(现为中信重工机械股份有限公司)、上海冶金矿山机器厂、山西机器制造公司等大型的制造工厂,他们都能够生产各种大型的矿井提升机。锦州、重庆矿山机器厂及湖南株洲煤矿机器厂能够生产 1.6m 以下矿井绞车,其中株洲煤矿机器厂、山西机器制造公司还可以生产 1.6m 液压防爆绞车,以满足煤矿、冶金矿山的需要。

从国内外看矿井提升机的发展,都在采用最新的技术、工艺、材质,使提升设备向大型化,高效率,体积小,重量轻,能力大,安全可靠、运行准确和标准化、集成化、智能化方向发展。

1.3 矿井提升机电力传动的发展现状

矿井提升机从电力传动而言,可分为交流传动与直流传动两大类。我国在 20 世纪 80 年代之前,绝大多数矿井提升机采用绕线转子异步电动机转子回路串电阻的交流传动方式,而少数则采用发电机-电动机组直流调速系统(G-M 系统,曾称 F-D 系统)。随着矿井的规模越来越大,对一些要求提升容量大,速度快的中大型矿井,提升机一般采用电枢可逆或磁场可逆的晶闸管直流供电的直流调速系统。而随着世界电力半导体技术和交流同步机传动的开发和生产，矿井提升棚传动装置又向交流传动方式发展，一些矿井提升机开始采用大容量交-直-交变频器和交-交变频器供电的交流传动系统。

1.3.1　绕线转子异步电动机转子回路串金属电阻调速系统

该方案的电动机转速调节是靠改变转子回路串联的附加电阻来实现的，如图1.2所示。这种调速方法简单，曾被广泛使用。显然这是有级调速，并且调速时能耗很大，属于转子功率消耗型调速方案。在加速阶段和低速运行时，大部分能量(转差能量)以热能的形式消耗掉了，因此电控系统的运行效率较低。这种调速方案为在低同步状态下产生制动转矩，需采用直流能耗制动方案(即动力制动)，或采用低频制动。用这种方法调速时，由于电机的极对数与施加于其定子侧的电压频率都不变，所以电机的同步转速或理想空载转速也不变，调速时机械特性随着转子回路电阻的增大而变软，从而大大降低了电气传动的稳态调速精度。在实际应用中，由于串入电机转子回路的附加电阻级数受限，无法实现平滑的调速。

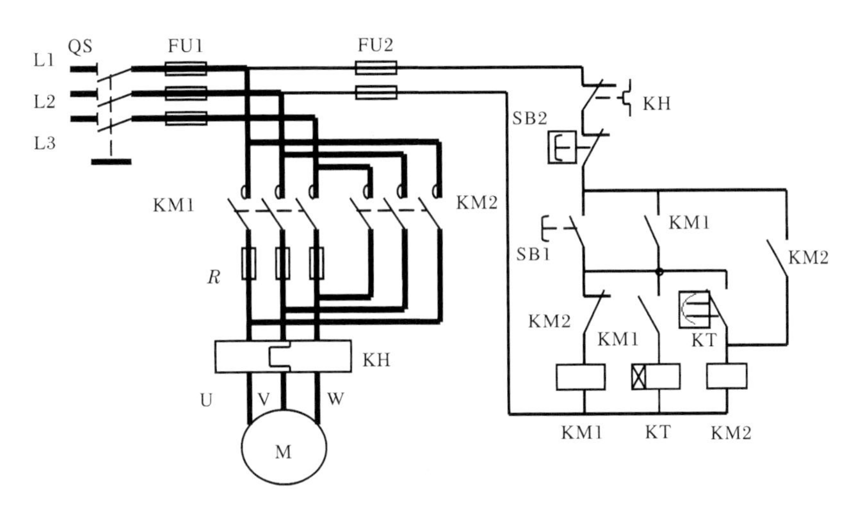

图1.2　转子回路串电阻调速系统示意图

然而，这种调速方案存在着调速性能差、运行效率低、运行状态的切换死区大及调速不平滑等缺点。但目前在我国的各种矿山中，这种方案使用得相当普遍，以后将面临着技术改造的问题。

1.3.2　绕线转子异步电动机转子回路串液体电阻调速系统

此方案因电阻可无级的调节，所以能实现加速、正力减速以及爬行的平滑控制，负力减速采用动力制动装置。液体电阻调速这一技术在英国比较成熟。英国的 Peeble 公司曾来我国推荐采用，但由于价格昂贵，对水的电解质有严格要求，另外还需要设循环冷却水系统，因此在国内没有被推广。

1.3.3 发电机-电动机直流可逆调速系统

发电机-电动机调速系统(G-M 系统)[4]如图 1.3 所示。直流可逆调速系统中直流电动机的励磁电流是恒定的，通过改变直流发电机的输出电压来改变直流电动机的转速。直流发电机一般由同步电动机带动的，其输出电压是靠改变直流发电机的励磁电流的大小来实现的。直流发电机的励磁电流是通过电机扩大机的励磁实现控制和调节的。20 世纪 60 年代以前大型调速传动装置基本采用这种方案。

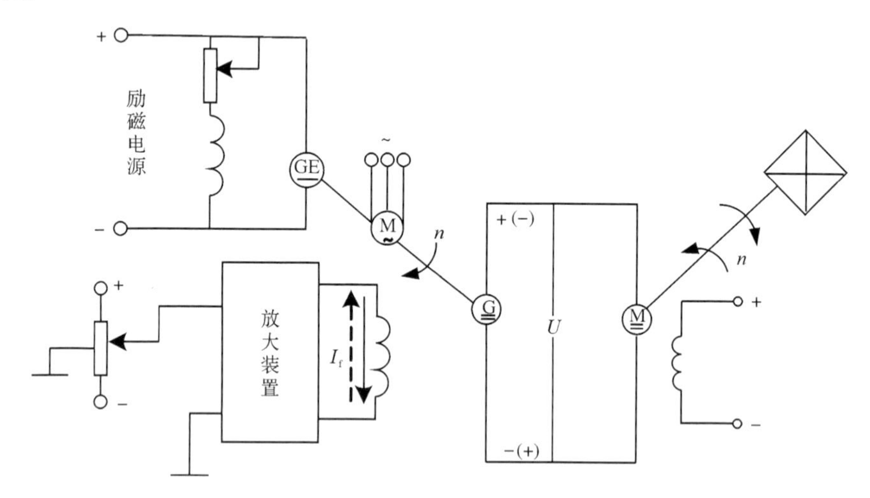

图 1.3 G-M 拖动系统电气调速示意图

该方案的特点是可实现无级调速，电动状态与制动状态的切换是快速平滑的，即能满足四象限平滑调速的要求，由于采用了速度闭环控制调速精度也比较高。本系统在启动时的无功冲击小，且功率因数较高，而且还可向电网提供超前无功功率，以改善电网的功率因数。但本方案有一系列缺点，运行效率还是比较低的，因为功率变换的效率是同步电动机和直流发电机两台电机效率的乘积，通常变流机组的效率只是 0.8 左右(考虑直流发电机组平时不停机)，占地面积大，噪声大，维护工作量大，耗费金属量大，用电量大等。因此，这种传动形式除个别情况下适用外，不再是今后发展的方向。

1.3.4 晶闸管-电动机直流可逆调速系统

晶闸管-电动机调速系统(V-M 系统)如图 1.4 所示，由晶闸管变流器代替旋转变流器，可以提高功率变换的运行效率。晶闸管变流器的运行效率可达 0.95

左右。V-M 直流可逆调速系统可分为电枢换向的可逆调速系统和磁场换向的可逆调速系统。

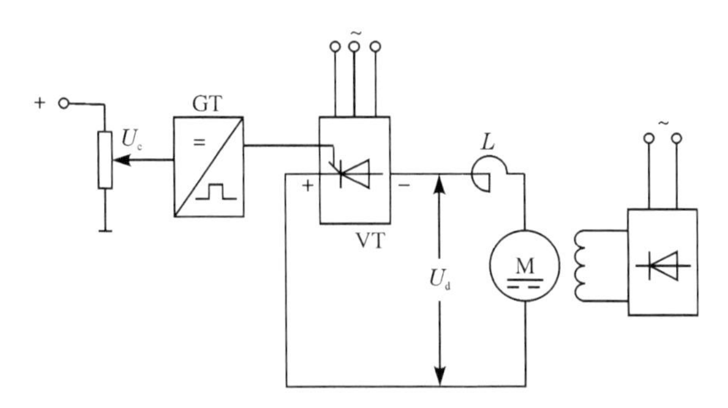

图 1.4　V-M 拖动系统电气调速示意图

在电枢换向的可逆调速系统中,励磁电流的大小和方向是恒定不变的,电动机转矩的大小和方向是靠改变电枢变流器输出电流的大小和方向实现的。其特点是转矩的反向快(由于电枢电流的反向快),需设置正反向两组电枢整流器,故造价较高[5]。

在磁场换向的可逆调速系统中,电枢电流的方向是不变的。转矩极性的改变是靠改变励磁电流的方向实现的。这种方案的特点是转矩的反向过程即励磁电流的反向过程较长,为了缩短反向时间需采取强励措施。另一个特点是电枢变流器只需设置一组,故装置的总体造价低。

由于矿井提升机对转矩转变的快速性要求不算太高,所以在大容量的情况下,为了减少投资,往往采用磁场换向的可逆调速方案。不过在现在的制造技术进步的条件下,两种方案总造价的差别已不很明显。

1.3.5　绕线转子异步电动机转子串级调速系统

对于绕线转子异步电动机,可以通过在转子回路中串入附加电阻来改变转差率,实现调速,这种方法称为转子串电阻调速。这种调速方法因串入附加电阻而增加的转差功率,以发热的形式消耗在附加电阻上,因此属于转差功率消耗型调速方法。如果在转子回路中加入附加电动势,同样也可以改变转差率实现调速,这种方法称为串级调速。这种调速方法,因串入附加电动势而增加的转差功率,回馈给电网或者回馈到电动机轴上,因此属于转差功率回馈型调速方法。串级调速的方法可以使系统获得较高的运行效率[6]。在串级调速系统中通过调节逆变角改变电机转速,由于逆变角的平滑连续调节,所以异步电机的转速也被平滑连续地调节。

此项技术在波兰运用的比较成功,也曾来我国试图推广。串级调速用于提升机的传动有一个严重的缺点，就是为了满足电动机有足够的启动力矩，串级调速装置的参数必须选得很大，显得很不经济；此外，串级调速的功率因数低，对电网影响大。因为串级调速系统中逆变器是利用移相控制改变其输出的逆变电压，使其输入电流与电压不同相，消耗了无功功率。逆变角越大，消耗的无功功率也越大，对电网影响大。因此该项技术没有在矿井提升机拖动改造上推广应用。

1.3.6　交流电动机交-交变频调速系统

交流电动机交-交变频调速系统(图 1.5)在 20 世纪 70 年代奠定了理论基础，80 年代开始在矿井提升机上应用，首先是交-交变频同步电动机系统投入运行，而且实现了多微机全数字控制。这些系统都是具有优良的控制性能、运行效率高、维护工作量少等优点，特别适用于大容量、低转速的矿井提升机上。目前传动功率已经可达到 5000～8000kW，将同步电动机转子外装的摩擦式提升机的滚筒合为一体的机电一体化方案具有体积更小、重量更轻的优点，可以明显地降低投资费用，成为低速大容量矿井提升机传动的发展方向。

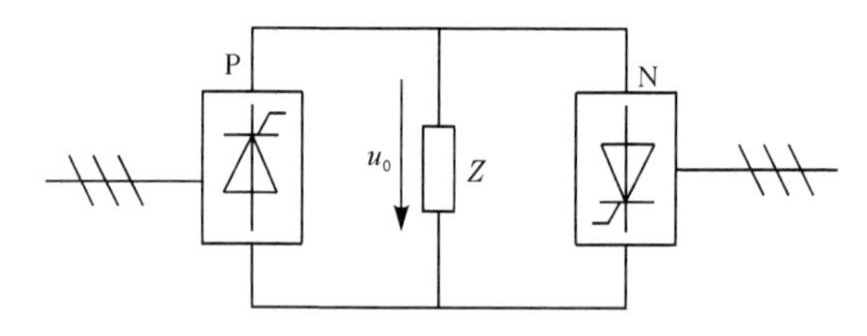

图 1.5　交-交变频调速系统示意图

交-交直接变频由三组可逆整流器组成，其三相移相信号为一组频率与幅值可调的三相正弦信号，则变频器输出相应的频率、幅值可变的三相交流电压，给三相同步电动机或异步电动机供电，实现变频调速。

调速的本质是根据负载转矩的变化控制驱动电动机的转矩，而交流电动机的转矩决定了定转子磁通势矢量的大小与相对位置。一般可采用控制交流电动机定子电压幅值与频率(电压控制型)或定子电流幅值与频率(电流控制型)的标量控制系统，但其动态控制性能较差，为改善转矩控制的动态性能，可采用对交流电动机的定子电压与电流实行磁通方向的矢量变化控制。

1.4　矿井提升机调速性能分析

1.4.1　矿井提升机直流调速性能分析

矿井提升机采用直流拖动的调速系统主要包括 G-M 系统、V-M 系统及直流脉宽调制(PWM)系统。

1. G-M 系统

G-M 系统中,电源是旋转装置,由旋转电机即直流发电机供电。通常,直流发电机由原动机拖动,以某一不可调的转速旋转,通过调节发电机的励磁电流的方向和大小来改变发电机输出电压的极性和大小。原动机一般采用交流感应电动机或交流同步电动机,使直流电源以电机机组的形式构成。这种调速系统的缺点是设备多、体积大、费用高、效率低、安装需打地基、运行有噪声、维护不方便。

2. V-M 系统

V-M 系统中,电源是静止装置,通过调节触发器 GT 的控制电压来移动触发脉冲的相位,而改变晶闸管可控整流器的控制角 α,从而改变可控整流器输出电压的极性和大小,实现直流电动机 M 的平滑调速。

与 G-M 系统相比,V-M 系统在经济性、可靠性及技术性能上也有较大的优势。其设备简单,调速更快。但 V-M 系统只允许电机在一、四象限运行,不能满足提升机四象限运行的要求;且低速运行时,产生较大的谐波电流,引起电网电压小型畸变,形成污染。

3. PWM 系统

PWM 系统中,电源是静止装置,能过改变晶体管 VT 的导通和关断即通断比来改变输出电压的极性和大小。与 V-M 系统相比,直流 PWM 调速系统性能更优越:低速运行平稳,电机损耗及发热小;快速响应性能好,动态抗干扰能力强。

1.4.2　提升机交流调速性能分析

矿井提升机调速系统采用交流异步电动机拖动,在生产机械上广泛使用的调速方法中,不改变同步转速的有:绕线式电动机的转子串电阻调速、斩波调速、串级调速等。改变同步转速的有:变极对数调速、改变定子电压、频率的变频调速、无换向电动机调速等。

1. 变极对数调速方法

这种调速方法是用改变定子绕组的接线方式来改变笼型电动机定子极对数达到调速目的,特点如下:具有较硬的机械特性,稳定性良好;无损耗,效率高;接线简单,控制方便,价格低;有级调速,级差较大,不能获得平滑调速;此调速方法可以与调压调速、电磁转差离合器配合使用,获得较高效率的平滑调速特性。

2. 变频调速方法

变频调速是改变电动机定子电源的频率，从而改变其同步转速的调速方法。变频调速系统主要设备是提供变频电源的变频器，变频器可分成交-直-交变频器和交-交变频器两大类，目前国内大都使用交-直-交变频器。其特点为：效率高，调速过程中没有附加损耗；应用范围广，可用于笼型异步电动机；调速范围大，特性硬，精度高；技术复杂，造价高，维护检修困难。

3. 改变转差率调速

改变转差率的方法主要有三种：定子调压调速、转子电路串电阻调速和串级调速。下面分别进行介绍。

1）定子调压调速方法

当改变电动机的定子电压时，可以得到一组不同的机械特性曲线，从而获得不同转速。由于电动机的转矩与电压平方成正比，因此最大转矩下降很多，其调速范围较小，使一般笼型电动机难以应用。为了扩大调速范围，调压调速应采用转子电阻值大的笼型电动机，如专供调压调速用的力矩电动机，或者在绕线式电动机上串联频敏电阻。

调压调速的主要装置是一个能提供电压变化的电源，目前常用的调压方式有串联饱和电抗器、自耦变压器以及晶闸管调压等几种。晶闸管调压方式为最佳。调压调速的特点：调压调速线路简单，易实现自动控制；调压过程中转差功率以发热形式消耗在转子电阻中，效率较低。调压调速一般适用于 100kW 以下的生产机械[7]。

2）转子电路串电阻调速方法

绕线式异步电动机转子串入附加电阻，使电动机的转差率加大，电动机在较低的转速下运行。串入的电阻越大，电动机的转速越低。此方法设备简单，控制方便，但转差功率以发热的形式消耗在电阻上，机械特性较软。

3）串级调速方法

串级调速是指绕线式电动机转子回路中串入可调节的附加电势来改变电动机的转差，达到调速的目的。大部分转差功率被串入的附加电势所吸收，再利用装置，把吸收的转差功率返回电网或转换为其他能量加以利用。根据转差功率吸收利用方式，串级调速可分为电机串级调速、机械串级调速及晶闸管串级调速形式。应用中多采用晶闸管串级调速，其特点为：可将调速过程中的转差损耗回馈到电网或生产机械上，效率较高，装置容量与调速范围成正比，投资小，适用于调速范围在额定转速 70%～90%的生产机械上；调速装置故障时可以切换至全速运行，避免停产；晶闸管串级调速功率因数偏低，谐波影响较大[8]。

综上所述，直流调速的电枢和励磁是分开的，能够精确控制；且直流调速转矩速率特性好并能在大范围内平滑地调速，因此在矿井提升系统中得到广泛应用。电刷是直流电动机的一个重要部件，但在实际应用中，电刷磨损严重，且在负载工作条件下，出现打火现象，甚至形成环火，极易造成电枢两极短路，危及整个系统的安全。但交流电机不存在电刷损坏的问题，因此也得到广泛应用，但交流调速性能离直流电机优越的调速性能还有差距。随着电子科技技术的发展，运用现代控制理论，将直流调速原理应用于交流调速控制系统中，使交流调速在很大程度上得到了发展。

1.5 交流变频调速技术的发展现状

交流电动机是一个多变量、强耦合的非线性对象，定子电流同时包含有转矩电流分量和励磁电流分量，因而对其电磁转矩瞬时值进行控制比较困难。近30年来，世界各国都在致力于交流电动机调速系统的研究，并不断取得突破。到现在为止，高性能的交流拖动系统正逐步取代直流拖动系统，交流伺服系统也正占据越来越大的市场份额。交流调速的发展可具体归纳为三个方面：首先，转差频率控制、矢量变换控制和直接转矩控制等新的交流调速理论的诞生，使交流调速有了新的理论依据；其次，GTR、MOSFET、IGBT等为代表的新一代大功率电力电子器件的出现，其开关频率、功率容量都有很大的提高，为交流调速装置的发展做好了准备工作；最后，微处理器的飞速发展，使交流调速系统许多复杂的控制算法和控制方式能得以实现。

在电机交流变频调速控制理论发展过程中，以下几种策略可以代表其发展的历程：V/F控制、矢量控制、直接转矩控制等。为了实现这些策略，又把非线性、自适应以及智能控制等理论加入进来。这些控制策略各有优缺点，在实际应用时要根据自己的需要适当选择，才能取得最佳的控制效果[9,10]。

1. V/F控制

在异步电动机变频调速时，通常希望保持电机中每极磁通为额定值，并保持不变。对于异步电机，磁通由定子和转子磁势合成，E_s 为气隙磁通在定子绕组中的感应电势，只要控制 E_s 和 f_s，即可控制磁通。基频以下调速为恒转矩调速，基频以上为恒功率调速。只要保持 E/f 为常值，就可以保持气隙磁通 Φ_m 不变。但是，绕组中的感应电动势是很难直接控制的，在电动势较高时可以忽略定子绕组的阻抗压降而认定 $E=U$，则有 $U/f=$常值；在低频时 E 和 U 都比较小，这时不能忽略误差，可以人为地抬高 U 去补偿定子绕组的阻抗压降。当基频以上调速时，频率往上升高，定子相电压 U 却不能比额定电压 U_n 还要大，最多使其相等。因此，这将迫使磁通与频率成反比，相当于直流电机弱磁升速的情况[11]。V/F 方式控制电路和算法简单，成本低易于实现。

2. 矢量控制

矢量控制由 Blaschke 于 1971 年提出。矢量控制理论将交流传动向前推进了一大步，其基本原理为：以转子磁链这一旋转空间矢量为参考坐标，将定子电流分解为相互正交的两个分量，一个与磁链同方向，代表定子电流励磁分量，另一个与磁链方向正交，代表定子电流转矩分量，然后分别对其进行独立控制，获得像直流电机一样良好的动态特性。但矢量控制要进行复杂的坐标变换并需准确观测转子磁链，而且对电机参数依赖很大，难以保证解耦。此外，过多的计算也使矢量控制难以在一般单片机上实现。

3. 直接转矩控制

1985 年德国鲁尔大学的 Depenbrock 教授首次提出了直接转矩控制理论，采用空间矢量的方法，直接在定子坐标下计算和控制交流电机的转矩，采用定子磁场定向，对转矩进行直接控制。这种控制方法可以获得很大的瞬时转矩和极快的动态响应，并且电机的磁场接近圆形，谐波小，损耗小。它的控制结构简单，实现起来方便，性能优良。目前该技术已成功应用在电力机车牵引的大功率交流传动上，预计在今后几年会有很大的发展。

逆变器部分是变频器的关键部分，它将直流电流变为频率可调的交流输出电源。逆变器是通过半导体开关的快速通断来实现的，它可以将能量从电源转化为可控的离散值形式。而开关函数的产生方法就是脉宽调制技术，现在有各种各样的脉宽调制技术，从简单的平均值到复杂的实时优化。其主要的应用领域就是交流调速传动。电机负载需要三相变频变压电源，而转子的转速则由电源频率控制，电机磁链由电压决定。目前常用的两种脉宽调试技术：正弦脉宽调制(SPWM)和电压空间矢量脉宽调制(SVPWM)。

SPWM 法是一种比较成熟的、目前使用较广泛的 PWM 法。采样控制理论中的有一个重要的结论：冲量相等而形状不同的窄脉冲加在具有惯性的环节上时，其效果基本相同。SPWM 法就是以该结论为理论基础，用脉冲宽度按正弦规律变化而和正弦波等效的 PWM 波形即 SPWM 波形控制逆变电路中开关器件的通断，使其输出的脉冲电压的面积与所希望输出的正弦波在相应区间内的面积相等，通过改变调制波的频率和幅值则可调节逆变电路输出电压的频率和幅值。它的生成原理就是以一个正弦波为基准波，和一个等幅值的高频三角波相比较，由它们的交点来决定逆变器开关器件的开关状态。当正弦波大于三角波时，相应的开关器件导通；当正弦波小于三角波时相应的开关器件关断。这种调制方法得到的输出电压基波的频率和幅值都等于基准正弦波的频率和幅值。保持三角波不变,通过控制正弦基波的频率和幅值就可以控制输出电压的频率和幅值,从而满足变频调速对电压和频率协调控制的要求[12]。

SVPWM 又被称为磁通脉宽调制或磁链追踪型脉宽调制。三相变频器磁链追踪 PWM 法与上节所述的 SPWM 不同:三相 SPWM 法是从电源的角度出发的,其着眼点是如何生成一个可以调频调压的三相对称正弦波电源;而磁链追踪型 PWM 法则是从电动机的角度出发的,其着眼点是如何使电机获得圆磁场。具体地说,它以三相对称正弦波电压供电时三相对称电动机定子的理想磁链圆为基准,由三相逆变器不同开关模式所形成的实际磁链矢量来追踪基准磁链圆,在追踪过程中,逆变器的开关模式作适当的切换,从而形成 PWM 波。该种方法控制简单,数字化实现方便,显著减小了逆变器输出电流谐波成分及电机谐波损耗,降低脉动转矩,提高直流侧电压的利用率[13]。

1.6 本书的结构和内容安排

本书以矿井提升机调速系统为研究背景,重点介绍了感应电机参数辨识技术、无速度传感器矢量控制技术、基于 LCL 滤波器 PWM 整流器控制技术、矢量控制预励磁启动技术、双 PWM 变频协调控制技术等,并且以感应电机交流调速系统作为仿真和实验平台。本书主要分为如下几部分。

重点概述了矿井提升机系统设备的国内外发展与现状;简要描述了矿井提升机电力传动的研究现状,并对矿井提升机调速性能进行了分析。

通过分析传统电机参数辨识方法,从其测试的复杂性出发,研究了基于变频器自身资源实现的电机参数辨识方案,给出了具体的实施方式;对矢量控制中的磁链观测器进行改进,用非线性正交方法提高了其对参数的变化的适应能力,部分解决了困扰传统电压模型的积分饱和偏移问题,提高了精度和应用范围。

以电机的数学模型为基础,建立基于 MRAS 的全阶磁链观测器,其中在磁链的估算中,采用电压模型和电流模型的复合形式;同时,改善反馈矩阵,实现两个模型的平滑切换。构建基于模型参考自适应的矢量控制系统,以基于 MRAS 的全阶磁链观测器为参数辨识的方法,并在 MATLAB 的 Simulink 上搭建无速度传感器矢量控制系统的仿真模型,然后对仿真波形进行分析,确定设计方法的可行性。

基于 PWM 整流器工作原理的分析,给出 LCL 滤波的 PWM 整流器拓扑结构和其在静止坐标系下的数学模型,并利用坐标变换的概念,推导出 LCL 滤波的 PWM 整流器在两相同步旋转坐标系下的数学模型;分析了 LCL 滤波器各参数对系统的影响;提出了采用粒子群算法对 LCL 滤波器进行参数优化设计,计算和仿真结果表明,粒子群算法比传统算法简单有效。

讨论了 PWM 整流器固定开关频率控制策略，针对 LCL 滤波器存在的谐振问题，提出一种基于 LCL 滤波的 PWM 整流器无阻尼控制策略；利用系统延时和固定开关频率控制本身的阻尼，通过调节 PI 调节器的采样时间实现系统稳定。然后并用 MATLAB 验证了其可行性；把交流电机定子的磁链概念融合到直接功率控制中，通过虚拟磁链的矢量估算和定向瞬时功率，得到了基于虚拟磁链的直接功率控制方法，在非理想电网时能实现对 PWM 整流器的良好控制。

详细分析了基于矢量控制的直流预励磁以及交流预励磁启动方案，同时对直流预励磁启动方案和交流预励磁启动的方案进行了对比并分析了两种预励磁方案的适用场合，并验证预励磁启动方案在实际中的有效性；设计了基于矢量控制的预励磁矢量控制系统；通过对矢量控制模型进行仿真研究，给出了主电路、控制电路、驱动电路等相关电路的设计方案和实验结果；仿真研究并且联系矿井提升机在实际中的研究，在预励磁控制策略下，通过系统启动状态的各种变化，对系统直流电压波形进行研究，并结合矿井提升机在工作中的实际运行特性，来验证预励磁控制方案后电机的启动性能。

双 PWM 变频技术是当前交流调速控制领域研究的热点之一，本书分别对基于负载电流信息前馈与基于负载功率信息前馈，研究了双 PWM 变频协调控制策略。首先介绍了电流前馈控制的原理，分析了传统滞环控制的不足，给出了 SVPWM 的调制方法，对双 PWM 的整流器部分采用了基于 SVPWM 的直接电流控制方法，根据异步电机的数学模型计算出负载的电流，将此电流前馈给整流器部分双闭环控制中的电流内环，形成负载电流信息前馈控制；在分析功率前馈控制原理基础上，网侧采用基于 SVPWM 的直接功率控制，根据瞬时功率和双 PWM 变频系统的功率流动情况，估算出负载的功率，将负载功率前馈给整流器，构建负载功率的前馈通道，仿真与实验表明了双 PWM 变频系统的工作性能。

参考文献

[1] 晋民杰，李自贵. 矿井提升机械. 北京：机械工业出版社，2011.

[2] 曹国华. 矿井提升机钢丝绳装载冲击动力学行为研究. 徐州：中国矿业大学博士学位论文，2009.

[3] 陈伯时. 电力拖动自动控制系统. 北京：机械工业出版社，2004.

[4] 马志源. 电力拖动控制系统. 北京：科学出版社，2004.

[5] 邓星钟，周祖德，邓坚. 机电传动控制(第二版). 武汉：华中理工大学出版社，1991.

[6] 许大中. 交流电机调速理论. 杭州：浙江大学出版社，1991.

[7] 温照方，王勇，电机与控制. 北京：北京理工大学出版社，2010.

[8] 顾永辉，范廷瓒. 煤矿电工手册(第三分册)——提升机电力拖动(交流部分). 北京：煤炭工业出版社，1980.

[9] 赵朝会,王永田,王新威,等. 现代交流调速技术的发展与现状. 中州大学学报,2004,21(2):122-125.

[10] Finch J W, Giaouris D. Controlled AC electrical drives. IEEE Transactions on Industrial Electronics,2008,55(2):481-491.

[11] Azza H B, Jemli M, Boussak M, et al. High performance sensorless speed vector control of SPIM drives with on-line stator resistance estimation. Simulation Modelling Practice and Theory,2011,19(1):271-282.

[12] 周卫平,吴正国,唐劲松,等. SVPWM 的等效算法及 SVPWM 与 SPWM 的本质联系. 中国电机工程学报,2006,26(1):133-137.

[13] 吴守箴,臧英杰. 电气传动的脉宽调制控制技术. 北京:机械工业出版社,2002.

第2章　感应电机数学模型及参数辨识方法基础

2.1　引　　言

当电动机运行时，由于内外条件的影响，其本身的参数会发生变化。电机温升和频率的变化都会影响到定转子电阻，其随电动机温度变化最高约有50%，而转子电流频率较高时，集肤效应引起的转子电阻变化可达数倍。磁链饱和程度会影响到互感和转子电感，从而引起电机转子时间常数等的改变。这些因素必然导致基于固定参数设定而计算出来的各种反馈信号失真，基于这样的反馈，电机磁场定向坐标往往会偏离实际的磁场定向坐标，造成较大的转速、转矩偏离或脉动，控制系统性能会大打折扣。因此，在变频调速系统运行当中，需要不断地调整各计算模型中的电机参数，以使其跟随真实电机参数值而变化，从而确保正确的闭环反馈，保证控制系统的性能。

各种变频调速控制理论的实现，其最终输出都是电动机输入电流、电压的频率与相位的变化，需要通过变频器来实现，但作为实现机构的变频器通常来说并不是为某个或某一型号电机设计的，作为生产拖动装置的电动机往往来自不同的厂家，并且变频器需要设定的参数往往在电机的手册和铭牌中往往查不到。因此，必须针对不同的电机设定不同的参数，这样参数辨识就成为包括矢量控制在内的高性能的变频调速理论和实践中一个绕不过去的问题。

此外，感应电机的参数辨识还可以用来检验电机质量、监测电力电子设备的故障、完善电机数学模型等，具有广泛的理论和实际意义。

本章从电机的数学模型出发，阐述其参数辨识的必要性，并给出了常用的参数获取方法。

2.2　感应电机数学模型

感应电机的数学模型是一个非线性的多变量系统[1]，由感应电机在三相静止坐标系上的方程，经过3/2变换，可得到其在两相静止坐标系上的方程，再经过$2s/2r$变换，可得其在两相任意旋转坐标系上的数学模型。

2.2.1 感应电机在两相同步旋转坐标系上的数学模型

两相同步旋转坐标系是两相任意旋转坐标按同步速旋转的一个特例，也称为 MT 坐标系，感应电机在其上的数学模型如以下方程所示。

1) 电压方程

$$\begin{bmatrix} u_{sM} \\ u_{sT} \\ 0 \\ 0 \end{bmatrix} = \begin{bmatrix} R_s+L_s p & -\omega_1 L_s & L_m p & -\omega_1 L_m \\ \omega_1 L_s & R_s+L_s p & \omega_1 L_m & L_m p \\ L_m p & -\omega_1 L_m & R_r+L_r p & -\omega_s L_r \\ \omega_s L_m & L_m p & \omega_s L_r & R_r+L_r p \end{bmatrix} \begin{bmatrix} i_{sM} \\ i_{sT} \\ i_{rM} \\ i_{rT} \end{bmatrix} \tag{2.1}$$

2) 磁链方程

$$\begin{bmatrix} \psi_{sM} \\ \psi_{sT} \\ \psi_{rM} \\ \psi_{rT} \end{bmatrix} = \begin{bmatrix} L_s & 0 & L_m & 0 \\ 0 & L_s & 0 & L_m \\ L_m & 0 & L_r & 0 \\ 0 & L_m & 0 & L_r \end{bmatrix} \begin{bmatrix} i_{sM} \\ i_{sT} \\ i_{rM} \\ i_{rT} \end{bmatrix} \tag{2.2}$$

3) 转矩方程

$$T_e = n_p L_m (i_{sT} i_{rM} - i_{sM} i_{rT}) \tag{2.3}$$

4) 运动方程

$$T_e = T_L + \frac{J}{n_p}\frac{\mathrm{d}\omega}{\mathrm{d}t} \tag{2.4}$$

2.2.2 按转子磁链定向的感应电机矢量控制方程式

当沿转子磁链定向时，M 轴与转子全磁链 ψ_r 轴重合，由于 T 轴垂直于 M 轴上，故 ψ_r 在 T 轴上的分量为零，即转子磁链唯一地由 M 轴上的电流分量产生，则磁链方程(2.2)可用如下方程表示：

$$\psi_{rM} = \psi_r = L_{md} i_{sM} + L_{rd} i_{rM} \tag{2.5}$$

$$\psi_{rT} = 0 = L_{md} i_{sT} + L_{rd} i_{rT} \tag{2.6}$$

将上两式代入转矩方程(2.3)得

$$T_e = n_p \frac{L_{md}}{L_{rd}} \psi_r i_{sT} \tag{2.7}$$

将式(2.6)代入式(2.1)中，则其第三、四行变为零，可得以转子磁链定向的 MT 坐标系上的电压方程：

$$\begin{bmatrix} u_{sM} \\ u_{sT} \\ 0 \\ 0 \end{bmatrix} = \begin{bmatrix} R_s+L_s p & -\omega_1 L_s & L_m p & -\omega_1 L_m \\ \omega_1 L_s & R_s+L_s p & \omega_1 L_m & L_m p \\ L_m p & 0 & R_r+L_r p & 0 \\ \omega_s L_m & 0 & \omega_s L_r & R_r \end{bmatrix} \begin{bmatrix} i_{sM} \\ i_{sT} \\ i_{rM} \\ i_{rT} \end{bmatrix} \tag{2.8}$$

对于笼型感应电机，其可测量的被控变量是定子的电压、电流矢量，这就要求从定子侧的测量值中找到各分量与其他物理量之间的关系。

由式(2.8)第三行可得

$$0=R_r i_{rM}+p(L_m i_{sM}+L_r i_{rM})=R_r i_{rM}+p\psi_r \tag{2.9}$$

由式(2.9)可求出

$$i_{sM}=-\frac{p\psi_r}{R_r} \tag{2.10}$$

将式(2.10)代入式(2.5)可得

$$\psi_r=\frac{L_{md}}{T_r p+1}i_{sM} \tag{2.11}$$

式中，$T_r=L_r/R_r$为转子时间常数。

由式(2.8)第四行可得

$$0=R_r i_{rT}+\omega_s(L_m i_{sM}+L_r i_{rM})=R_r i_{rT}+\omega_s\psi_r \tag{2.12}$$

将式(2.12)代入式(2.6)得

$$\omega_s=\frac{L_{md}}{T_r\psi_r}i_{sT} \tag{2.13}$$

式(2.1)～式(2.3)共同构成了感应电机矢量控制系统的基本控制方程式，各种矢量控制的实现方法都是以此三式为基础而进行的。

式(2.7)说明在同步旋转MT坐标系上，如果按感应电动机转子磁链定向，那么其电磁转矩模型就与直流电动机的一样了。在保持转子磁链恒定时，调节其励磁电流的大小，就可以得到线性的机械特性，这正是各种感应电机的控制策略所追求的性能指标。

式(2.11)说明，转子磁链唯一地由定子电流的励磁分量i_{sM}产生，而与定子电流的转矩分量i_{sT}无关。这充分说明在感应电机矢量控制中，如果按照转子磁链进行定向，在一定意义上就可以实现定子电流的转矩分量与其励磁分量的解耦，进而实现励磁与转矩的分别控制。从式(2.11)也可以看出转子磁链与定子电流磁链分量之间呈现出一阶惯性环节的关系，这种惯性的传递函数关系和直流电机励磁绕组与其励磁电流之间的惯性作用是相一致的，完成了二者在控制理论层面上的统一。式(2.13)说明，当转子磁链恒定并且电机参数变化可忽略时，转差角频率与定子电流转矩分量i_{sT}成正比。由三个矢量控制基本方程式可以看到，控制方案T_r的实现需要L_{md}、L_{rd}、T_r等电机参数，控制的性能高低与电机的参数的准确程度密切相关。

2.3　感应电机参数离线辨识的传统方法

在利用感应电动机的数学模型进行控制系统的设计时，需要知道电机的某些参数。这些参数并不完全都在电机铭牌上显示，需要通过实验的方法进行测定。传统的电机参数测试主要通过空载试验和短路试验得到[2,3]。

2.3.1　空载试验

空载试验利用图 2.1 所示电路连接方法进行。试验时，将三相感应电动机接到三相交流调压器上，电动机的转轴上不带任何机械负载，在定子绕组加上铭牌上所示的额定频率的额定电压，待电动机运行一段时间，机械损耗达到稳定值[4]。此时，转子转速 $n \approx n_1$，转差率 $s \approx 0$。通过改变调压器的输出，从 $U_0 = (1.1 \sim 1.3) U_N$ 开始逐渐减小电压，记录期间各点的定子电压 U_0、空载电流 I_0 以及空载功率 P_0。然后根据测量得到的一系列数据，绘出相应的空载特性曲线。

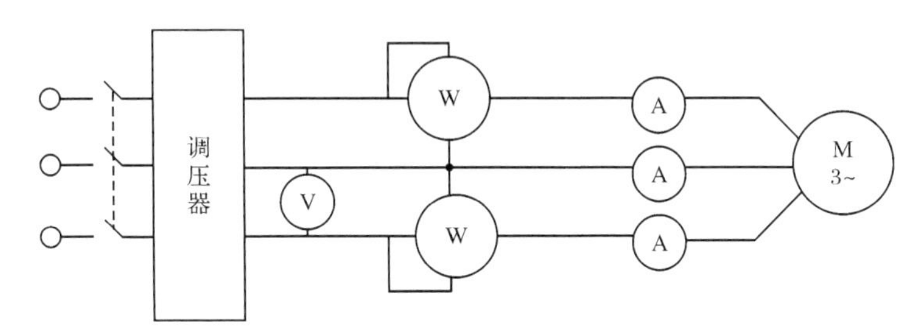

图 2.1　感应电动机空载试验电路

空载运行时的输入功率 P_0 用于克服定转子的铜耗、铁耗、机械损耗和附加损耗。由于空载时转子绕组铜耗和附加损耗都很小，可忽略，则输入功率与定子铜耗、铁耗及机械损耗平衡，有如式(2.14)所示的关系：

$$P_0 = p_{\mathrm{Cul}} + p_{\mathrm{Fe}} + p_m \tag{2.14}$$

式中，定子铜耗 $p_{\mathrm{Cul}} = 3 I_{0\phi}^2 r$，其中 $I_{0\phi}$ 为定子相电流。由于铁耗大小与磁通密度的二次方成正比，可近似认为与电源电压的二次方成正比，机械损耗与电压无关，只与转速有关。在转速基本不变的情况下，可认为是一常数。故而有在减去定子铜耗后，有 $P_0 = P_0 p_{\mathrm{Cul}} = p_{\mathrm{Fe}} + p_m$，$P_n$ 与电压有如图 2.2 曲线所示的关系。

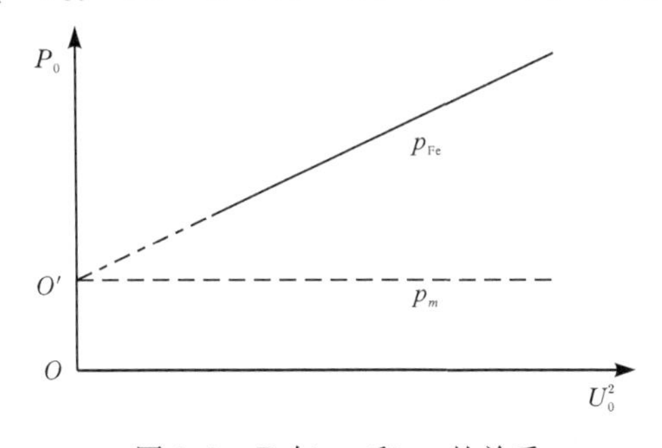

图 2.2　P_0 与 p_{Fe} 和 p_m 的关系

当输入电压 $U_0=0$ 时，铁耗 $p_{Fe}=0$。电压过低时会导致电机停转，所以无法测得试验数据。故将曲线延长到与纵轴相交，此时，$p_{Fe}=0$，$P'_0=p_m$ 可得出机械损耗。铁耗也可用相应公式 $p_{Fe}=P_0-p_{Cu1}-p_m$ 得到。

根据铁耗，可得出励磁电阻为 $r_m=p_{Fe}/I_{0\phi}^2$。

电动机在额定电压下空载时，转速接近同步转速 $s\approx0$，转子侧相当于开路，其等效电路如图 2.3 所示。

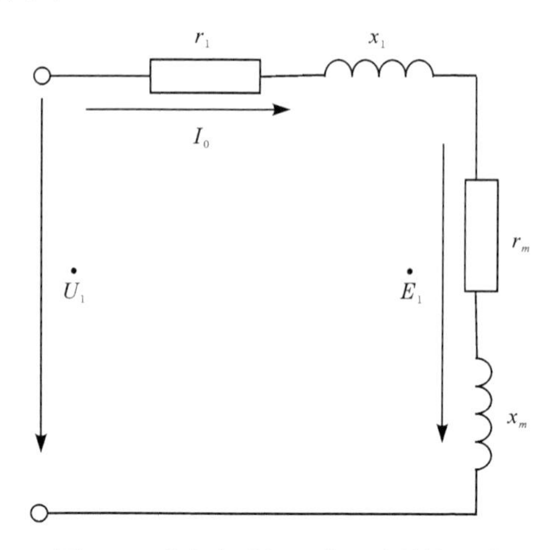

图 2.3　感应电动机空载试验等效电路

根据等效电路，有

$$\begin{cases} Z_0=\dfrac{U_{0\phi}}{I_{0\phi}}=Z_1+Z_m=(r_1+r_m)+\mathrm{j}(x_1+x_m) \\ x_0=\sqrt{Z_0^2-r_0^2} \end{cases} \tag{2.15}$$

式中，$r_0=r_1+r_m$，知道励磁电阻 r_m 已由铁耗求出，定子电阻 r_1 可利用电桥测量，则可知道 r_0。根据 r_0 和 Z_0 得到 x_0，励磁电抗 $x_m=x_0-x_1$，其中 x_1 可根据短路试验得到，从而求出励磁电抗 x_m。由于 r_1 和 x_1 与励磁参数比较很小，也可以忽略，这样就可以根据式(2.16)求出励磁阻抗和励磁电抗：

$$Z_m=\frac{U_{0\phi}}{I_{0\phi}},\quad x_m=\sqrt{Z_m^2-r_m^2} \tag{2.16}$$

2.3.2　堵转试验

利用短路试验可以测量电动机的短路阻抗 Z_k、短路电阻 r_k、短路电抗 x_k，还可以确定其启动转矩和启动电流[5,6]。

短路试验时，将电动机转子卡住不转(如果是绕线式转子应短路)，此时转速 $n=0$，转差率 $s=1$，电动机 T 形等效电路中的等效电阻$[(1-s)/s]r'_2=0$，相当于转子电路中的负载直接短路。试验时，用变压器调节定子电压从 $U_0=0.4U_N$ 开始降低，记录不同电压下的定子电压、电流和输入功率，得到的短路特性曲线大致如图 2.4 所示。

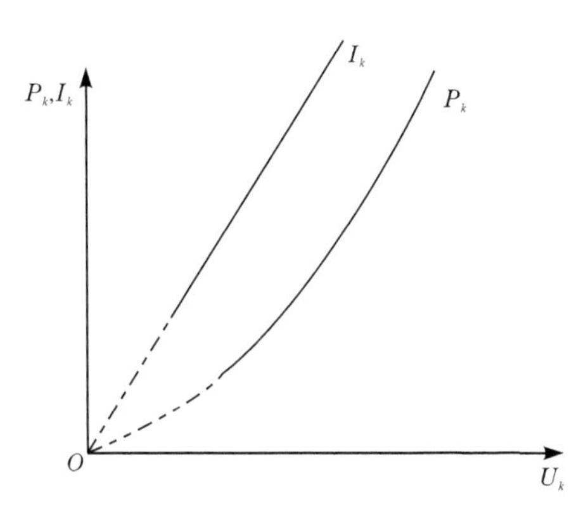

图 2.4　感应电机短路特性

短路试验时，由于转差为 1，故 T 形等效电路中的转子支路阻抗很小，而励磁阻抗很大，所以可以略去并联的励磁支路，即不考虑励磁电流和铁耗，此时的等效电路如图 2.5 所示。

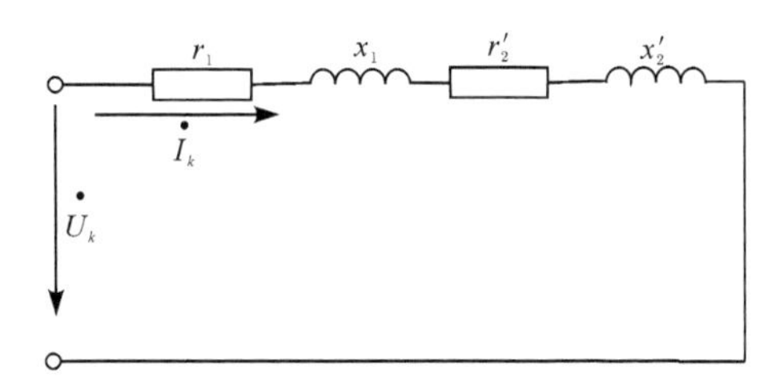

图 2.5　感应电动机短路试验等效电路

从等效电路可知，短路试验时电源输入功率为

$$P_k=3I_{k\phi}^2(r_1+r_2')=3I_{k\phi}^2 r_k \tag{2.17}$$

式中，$r_k=r_1+r_2$ 为短路电阻。

故短路阻抗和短路电抗分别为

$$Z_k=\frac{U_{k\phi}}{I_{k\phi}},\quad x_k=\sqrt{Z_k^2-r_k^2} \tag{2.18}$$

对于 $x_k=x_1+x_2$，通常认为 $x_1=x_2=x_k/2$。由公式 $r_k=P_k/3I_{k\phi}^2$ 可知，减去 r_1 得到 r_2。

在短路试验时，当定转子电流比额定值大很多，漏磁通路径中的铁磁材料部分也会饱和，使漏电抗减小。因此，宜测量 $I_k=I_N$，$I_k=(2\sim3)I_N$，$U_k=U_N$ 等多组数据,来分别计算不同饱和程度时的漏抗值,以便在不同情况下分别使用。

2.4 感应电机参数离线辨识的改进方法

用传统的电机学方法进行参数的测定,需要较多电压表、电流表、功率表等仪器,且需要进行机械堵转,实现起来很麻烦。在电机拖动领域,目标性能参数输入和控制算法的实现,一般都是通过变频器来实现。这些参数辨识工作如果能利用变频器自身资源完成,将会极大地节省人力物力,并具有更广泛的适应性。

通常的做法是在是在开机时执行一套自检测、自学习程序,对电机施加特定的电压、电流信号,通过传感器采集运行数据检测电机的响应,并运用设定好的算法来进行各参数的辨识,并储存在变频器内,以备控制器使用。

典型的电压型交-直-交变频调速系统如图 2.6 所示。通过数字信号处理器 DSP,用设定好的辨识程序产生相应信号,控制三相全桥电路上下桥臂 T_1 到 T_6 共 6 个 IGBT 的开通与关断,来产生相应的电压、电流输入。

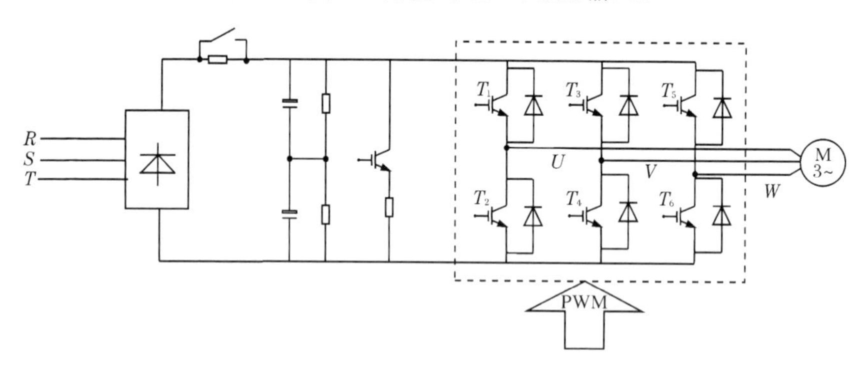

图 2.6　典型的电压型交-直-交变频调速系统

2.4.1 直流试验

定子电阻的测量一般用直流实验来实现。由于电感对直流输入不起作用,相当于短路,电路中起作用的只有定子电阻。根据功率管的开关状态,可形成两种等效电路。如果仅 T_1、T_4导通,其余关断,会形成如图 2.7(a)所示等效电路。如仅 T_1、T_3、T_6导通,其余关断,会形成如图 2.7(b)所示等效电路。控制功率管的开关,则加在等效电路上的电压就是脉动的直流电压。

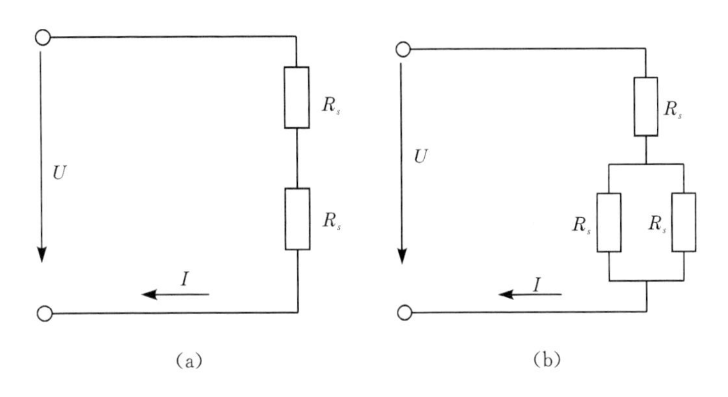

图 2.7　定子电阻直流试验等效电路

对于图 2.7(a)所示电路，其定子电阻值为 $R_s=U_{dc}D/2I$。对于图 2.7(b)所示电路，其定子电阻值为 $R_s=2U_{dc}D/3I$。其中，U_{dc}为直流母线电压，D 为 PWM 波占空比。

变频器直接接在电网上时，直流母线电压达 514V 左右，由于定子电阻很小，不能直接作直流测试信号，否则电流过大，可能损坏电机或设备。可先通过调压器降压，施加可调占空比的电压脉冲。可预先根据电机铭牌和经验估计施加电压的大小。假设实验用电机额定电流为 10A，设转子电阻为 1Ω，则直接施加在定子电阻上的电压应为 10V 左右。设占空比为 20%时，直流母线电压最大为 50V，故调压器输入约为 40V 左右的电压。

当器件开关频率较高时，IGBT 的开关延时也会对直流试验的电压产生影响。典型的 FF200R12KE3IGBT 模块，在感性负载时，开通延时 0.30μs，关断延时 0.65μs。当器件开关频率为 1kHz 时，可能导致施加的电压偏高约 0.035%，可以忽略。但当开关频率较低时，对其造成的影响就要考虑进去。

另外，因为施加的电压较小，器件的导通压降也是一个不容忽视的问题。根据实际需要，应进行相应的补偿。

2.4.2　单相试验

对三相感应电机施加单相电时，电机不会产生有效电磁转矩，其电磁关系与传统测试方法中的堵转试验相似。用逆变器产生单相电的方法为：使 V、W 相桥臂的控制信号相同，构成 H 桥的单相电路，实际上相当于电机 B、C 两相短接[7]。由于互感支路的电抗远大于漏抗，一般视其相当于开路，此时的等效电路如图 2.8 所示。则电路的等效阻抗为

$$Z_{eq}=\frac{U_{ab}}{I_a} \tag{2.19}$$

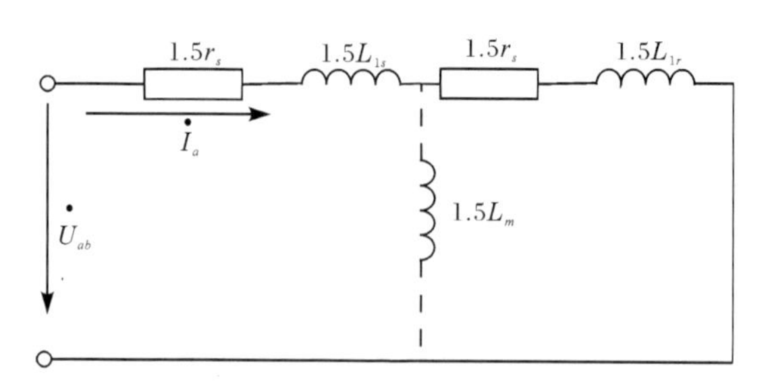

图 2.8　单相试验等效电路

等效电阻为

$$R_{\mathrm{eq}}=Z_{\mathrm{eq}}\cos\varphi \tag{2.20}$$

等效电抗为

$$X_{\mathrm{eq}}=Z_{\mathrm{eq}}\sin\varphi=\sqrt{Z_{\mathrm{eq}}^2-R_{\mathrm{eq}}^2}=1.5L_{1s}+1.5L_{1r} \tag{2.21}$$

故定转子漏感为

$$L_{1s}=L_{1r}=\frac{1}{3}\frac{X_{\mathrm{eq}}}{\omega_1} \tag{2.22}$$

式中，φ 为功率因数角；ω_1 为电压基波角频率。这两个参数可通过施加 SPWM 波，在相位为 0 的时刻进行采样数据，通过离散傅里叶变换得出基波电流幅值、相位。

转子电阻通过下式计算得出：

$$R_r=\frac{2}{3}R_{\mathrm{eq}}-R_s \tag{2.23}$$

在单相试验中，单相电频率的大小对辨识结果影响较大。若频率较小，则励磁支路的阻抗将不能被忽略；若频率较大，则受集肤效应影响严重，致使辨识值偏大。一种处理办法是，在高频进行辨识然后按照变化规律计算额定转差频率处的 R_r 值。有文章讨论了某型电机的集肤效应影响系数近似计算方法，可以近似认为集肤效应系数与频率呈线性关系[8]。可通过计算在两个不同频率处的转子电阻值，按照线性关系的变化来推算真实的转子电阻值[9,10]。

2.4.3　空载实验

当电机在空载情况下运行，电机转速基本上接近同步转速，转差率 $s=0$，电机转子回路相当于开路，其等效电路如图 2.9 所示。

待转速稳定后，检测电机电压 U_{ab}、电流 I_a 以及功率角 φ，可以辨识互感 L_m。这里也用到了离散傅里叶变换，计算可与单相试验共用同一个模块。

等效电抗为

$$X_{\mathrm{eq}}=\frac{U_{ab}}{I_a}\sin\varphi \tag{2.24}$$

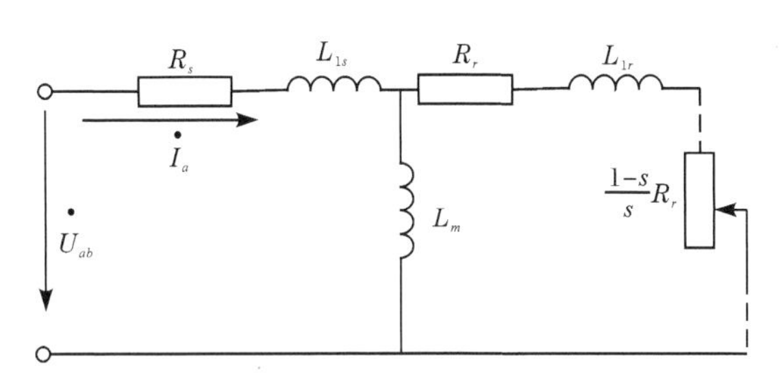

图 2.9 空载试验等效电路

故互感为

$$L_m=\frac{X_{\mathrm{eq}}}{2\pi f}-L_{1s} \tag{2.25}$$

2.4.4 离散傅里叶变换

在单相实验和空载实验中,需要对采样电流进行分析得到其幅值和相位。离散傅里叶变换在信号处理领域用得很广,在数字信号处理器所带的编程软件中,如 TI TMS320 系列的 CCS 集成开发环境中,就有针对此处理器性能优化过了的 FFT 函数模块,可以直接进行调用,极大地减少了重复编写此函数的劳动和易出错性,更易于实现。

这里以从 Simulink 电机仿真模块中得到的原始数据,进行分析说明。原始数据为以 SPWM 调制的 380V、50Hz 输入、负载 50N · m 条件下,从启动到 1s 时电流波形。数据结构为 10397×62 的矩阵,在其第一列中存储的是仿真时间,第二列中存储的是对应时间的电流值。由于在启动初期,幅值波动较大,故而选取了 0.5～1s 的波形,原始波形及采样波形如图 2.10 所示。

在采样时引入了模拟随机误差,这里对 0.5～1s 采集到的数据作 512 点的 FFT 分析。经计算采样数据大约从第 51988 个数据开始,每隔 102 个点进行一次采样,共采样 512 个数据,这相当于实际采样频率 1024Hz。对其分析的结果如图 2.11 所示。

从图 2.11 中可以清楚地看到,仅有 50Hz,幅值为 25A 分量最为显著,在 64Hz、92Hz、104Hz 附近有较小交流分量,和幅值约为 2A 的直流分量。由于较小分量可忽略不计,因此其主要成分为 50Hz 分量。由对应的频相谱可以看出,其相位为－175°,故此信号中主分量的函数可以写成:$y=25\cos[2\pi t+\pi(-175/180)]$。

从上面的分析可以看出,由于采样误差的引入,会造成信号波形的畸变,从而引入不必要的谐波分量。这个问题在实际采样过程中会更加明显,因此很有必要

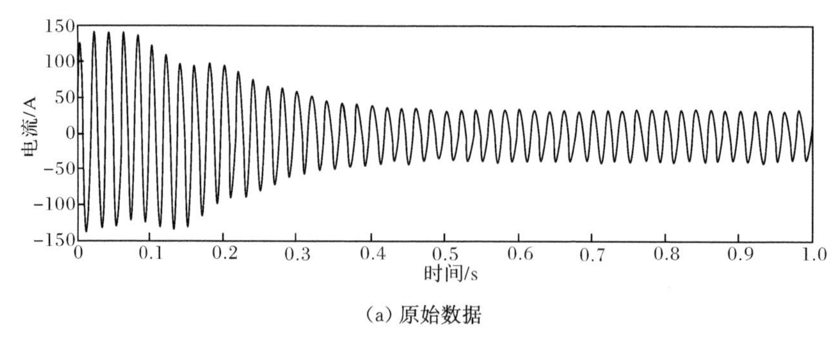

(a) 原始数据

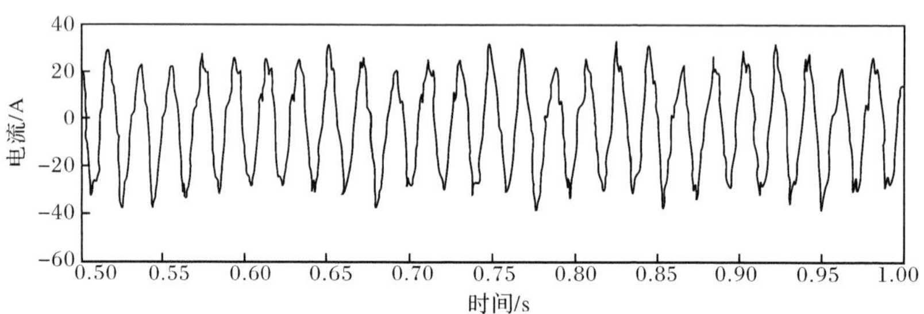

(b) 采样数据

图 2.10　原始数据及采样

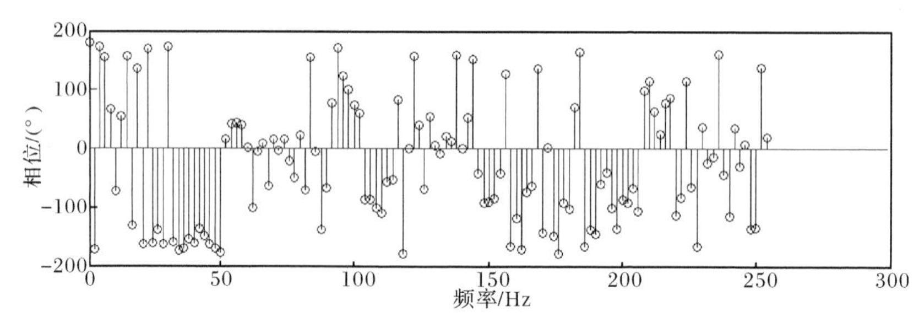

(a) 频相谱

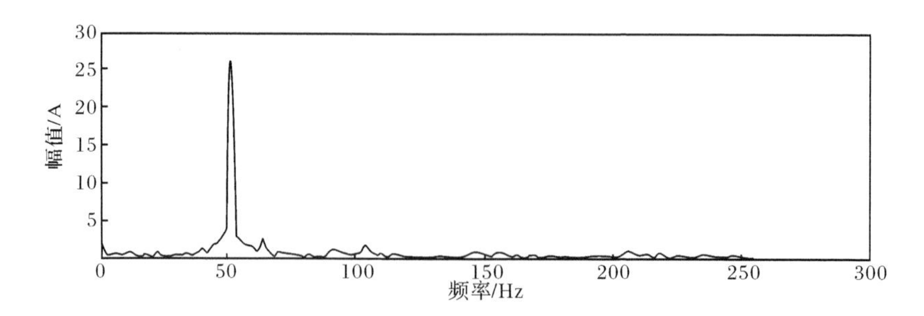

(b) 频幅谱

图 2.11　FFT 频相及频幅谱

将所有信号在进入 A/D 转换之前进行滤波，去除较明显的尖峰干扰，达到较平滑的波形后，再进行数字化分析。滤波可采用硬件方法，也可以采用软件方法。常用的软件滤波方法有：限幅滤波法、中位值滤波法、算术平均滤波法、递推平均滤波法、一阶滞后滤波法、消抖滤波法等，具体实现时，需要根据处理器环境进行选择。对直流采样值常用平均值方法进行软件滤波。对于交流采样可先设计硬件滤波器，根据需要调整截止频率进行参数确定。

2.5 本章小结

感应电机参数辨识是矢量控制和其他高性能变频调速的内在需要，正确的电机参数对于保证控制的性能具有至关重要的作用。

用传统的电机学方法进行参数的测定，需要较多电压表、电流表、功率表等仪器，且需要进行机械堵转，实现起来很麻烦。而如果能利用变频器自身资源完成，将会极大地节省人力物力，并具有更广泛的适应性。但基于变频器自学习的参数辨识得到的并非电机实时的参数，由于受到电机运行状态和环境因素的影响，这些“静态”参数可能发生变化，对控制性能产生较大影响，于是就产生了实时在线辨识的需要。

参考文献

[1] 赵莉华，曾成碧. 电机学. 北京：机械工业出版社，2009.

[2] 陈梓乐，师克力，贾好来. 感应电机智能调速. 北京：国防工业出版社，2014.

[3] Bertoluzzo M, Buja G S, Menis R. Self-commissioning of RFO IM drives: One-test identification of the magnetization characteristic of the motor. IEEE Transaction on Industry Application, 2001, 37(6): 1801-1806.

[4] 李武君. 异步电机参数辨识及矢量控制系统参数自整定. 上海：上海大学硕士学位论文，2008，

[5] Peng F Z, Fukao T. Robust speed identification for speed-sensorless vector control of induction motors. IEEE Transactions on Industry Application, 1994, 30(5): 1234-1240.

[6] Tsuji M, Chen S, Lzumi K. A sensorless vector control system for induction motors using q-axis flux with stator resistance identification. IEEE Transactions on Industry Electronics, 2001, 48(1): 185-194.

[7] 吴新振，王祥珩. 异步电机双笼转子导条集肤效应的计算. 中国电机工程学报，2003，23(3)：116-120.

[8] 潘亚洁. 单相感应电机节能调速控制系统设计与研究. 武汉：武汉理工大学博士学位论文，2011.

[9] Rehman H, Derdiyok A, Guven M K, et al. A new current model flux observer for wide speed range sensorless control of an induction machine. IEEE Transactions on Power Electronics, 2002, 17(6): 1041-1048.

[10] Finch J W, Giaouris D. Controlled AC electrical drives. IEEE Transactions on Industry Electronics, 2008, 55(2): 481-491.

第3章　基于正交反馈双补偿方法的转子磁链观测器

3.1　引　　言

从矢量控制基本方程中的转矩方程式(2.7)和转差公式(2.13)可以看出，矢量控制在实现时，转子磁链值是一个最基本的变量，没有它就无法实现磁链的定向，整个控制就无从谈起。

转子磁链矢量值 ψ_r 及磁场定向角 φ_s 都是实际存在的物理量，其检测和获取方法有基于磁敏式检测和探测线圈检测为代表的直接法和基于观测模型的间接法。直接法需要在电动机定子内表面安装霍尔元件，或者在电机槽内埋设探测线圈，这种方法精度较高，但是由于在电机内部装贴元件有不少工艺和技术问题，而且由于齿槽的影响，检测信号中常含有大量的脉动分量。直接检测方式只能针对特定的电机，不能方便地移植到其他未安装检测装置的电机上。因此，矢量控制系统常采用间接法，即通过检测电动机的定子电压、电流、转速等易测的物理量，利用转子磁链观测模型，来计算转子磁链矢量。

磁链观测信号 $\hat{\psi}_r$ 用来作为矢量控制中磁链闭环的反馈，磁链相位角观测值 $\hat{\varphi}_s$ 用来确定转子总磁链矢量所在的 M 轴的方向，因此准确检测转子磁链矢量是实现矢量控制按转子磁链定向的关键，精确的磁链观测对于保证和提升控制系统性能具有重要意义。

本章简单地推导了转子磁链电流与电压模型，指出了它们的各自特点和存在的不足，提出了一种基于非线性正交双补偿方法同时对电压模型进行改进了的转子磁链观测器，并对其实际效果进行了仿真与分析。

3.2　转子磁链观测器

虽然转子磁链 ψ_r 及相位角 φ_s 在系统中实际存在，但都难以通过直接测量而得到，因此在矢量控制变频调速系统中只能采用其观测值、计算值。可以利用状态观测器和状态估计理论来构成磁链观测模型[1,2]，这些方法得到的结果虽然精确，但较复杂，常因为传感器和处理器的原因，其应用受到限制。在工程中，常使用较简单的状态观测模型，检测某些易于获得的与磁链相关的电机运行参数，通过运算间接地求出转子磁链。根据其所需信号的不同，主要分电流和电压模型。

3.2.1　适于模拟实现的转子磁链电流模型

该模型根据两相静止坐标系下的定子电流在 α、β 轴上的分量 $i_{s\alpha}$、$i_{s\beta}$，以及转速反馈值 ω 计算转子磁链观测值。

α-β 坐标系上的转子磁链方程如式(3.1)所示：

$$\begin{cases}\psi_{r\alpha}=L_m i_{s\alpha}+L_r i_{r\alpha}\\ \psi_{r\beta}=L_m i_{s\beta}+L_r i_{r\beta}\end{cases}\tag{3.1}$$

又由 α-β 坐标系上的感应电动机电压方程可得式(3.2)：

$$\begin{cases}L_m P i_{s\alpha}+L_r P i_{r\alpha}+\omega(L_m i_{s\beta}+L_r i_{r\beta})+r_r i_{r\alpha}=0\\ L_m P i_{s\beta}+L_r P i_{r\beta}+\omega(L_m i_{s\alpha}+L_r i_{r\alpha})+r_r i_{r\beta}=0\end{cases}\tag{3.2}$$

由式(3.1)、式(3.2)可得

$$\begin{cases}\psi_{r\alpha}=\dfrac{1}{T_r P+1}(L_m i_{s\alpha}-\omega T_r\psi_{r\beta})\\ \psi_{r\beta}=\dfrac{1}{T_r P+1}(L_m i_{s\beta}+\omega T_r\psi_{r\alpha})\end{cases}\tag{3.3}$$

式(3.3)即为在两相静止坐标系上的转子磁链计算公式，称为转子磁链电流模型，其实施方式如图 3.1 所示。

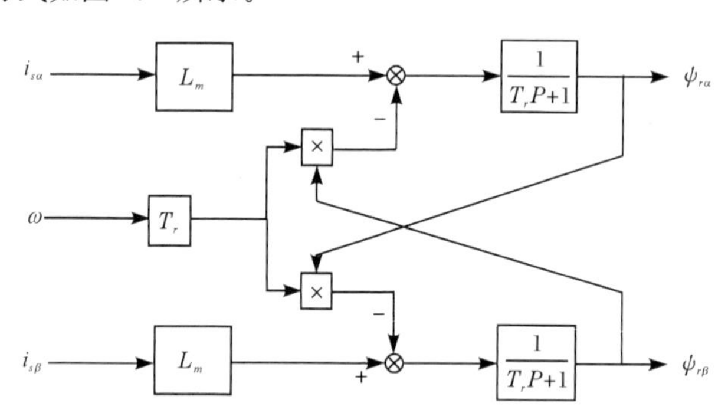

图 3.1　适于模拟实现的转子磁链电流模型

这种模型利用带运算放大器和乘法器的模拟电路就能够实现，但是不利于用计算机设计数字控制器时使用。因为 $\psi_{r\alpha}$、$\psi_{r\beta}$之间存在交叉反馈，离散化计算时有不收敛的可能性。该模型在整个速度范围都适用，但是因其涉及易受电机温升和频率影响的转子电阻，实际应用受到了限制。

3.2.2　适于数字实现的转子磁链电流模型

该模型是根据同步旋转坐标系下，定子电流在 M、T 轴上的励磁分量 i_{sM}、转矩分量 i_{sT}，以及转速反馈值 ω 来计算转子磁链值及相位角。

转子磁链由其与定子电流励磁分量之间的关系式(2.11)得出，转子磁链相位角由定子频率经过积分而得出。

定子频率信号由转差公式(2.13)及转速反馈相加而得到，即 $\omega_1=\omega_s+\omega$。

基于这种方法的转子磁链观测模型结构如图 3.2 所示。

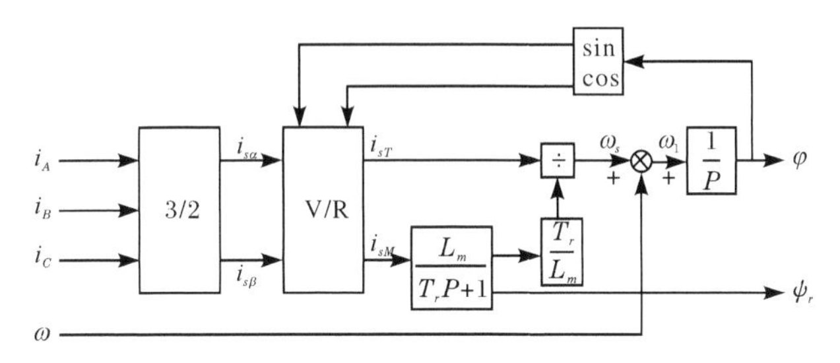

图 3.2　适于数字实现的转子磁链电流模型

此观测模型与 α-β 坐标系下转子磁链模型相比，没有交叉反馈关系，更容易收敛，适合用数字化处理器实现。此模型可在全速度范围内使用，但也易受电机参数变化的影响。

3.2.3　转子磁链电压模型

由感应电机在两相静止坐标系下的电压矩阵方程，根据感应电动势等于磁链对时间的微分关系，对电动势取积分而得到磁链的模型，称为电压模型。

定子电压与定转子电流有如式(3.4)所示的关系：

$$\begin{cases}u_{s\alpha}=r_s i_{s\alpha}+L_s\dfrac{i_{s\alpha}}{\mathrm{d}t}+L_m\dfrac{i_{r\alpha}}{\mathrm{d}t}\\ u_{s\beta}=r_s i_{s\beta}+L_s\dfrac{i_{s\beta}}{\mathrm{d}t}+L_m\dfrac{i_{r\beta}}{\mathrm{d}t}\end{cases}\tag{3.4}$$

由式(3.1)，可将式(3.4)中的 $i_{s\alpha}$、$i_{s\beta}$替换掉，整理后，可得

$$\begin{cases}\dfrac{L_m}{L_r}\dfrac{\psi_{r\alpha}}{\mathrm{d}t}=u_{s\alpha}-r_s i_{s\alpha}-\left(L_s-\dfrac{L_m^2}{L_r}\right)\dfrac{i_{s\alpha}}{\mathrm{d}t}\\ \dfrac{L_m}{L_r}\dfrac{\psi_{r\beta}}{\mathrm{d}t}=u_{s\beta}-r_s i_{s\beta}-\left(L_s-\dfrac{L_m^2}{L_r}\right)\dfrac{i_{s\beta}}{\mathrm{d}t}\end{cases}\tag{3.5}$$

将电机漏磁系数 $\sigma=1-L_m^2/(L_sL_r)$ 代入式(3.5)，并对公式等号两边求积分，可得

$$\begin{cases}\psi_{r\alpha}=\dfrac{L_r}{L_m}\left[\int(u_{s\alpha}-r_s i_{s\alpha})\mathrm{d}t-\sigma L_s i_{s\alpha}\right]\\ \psi_{r\beta}=\dfrac{L_r}{L_m}\left[\int(u_{s\beta}-r_s i_{s\beta})\mathrm{d}t-\sigma L_s i_{s\beta}\right]\end{cases}\tag{3.6}$$

由式(3.6)得到的转子磁链电压模型如图 3.3 所示。

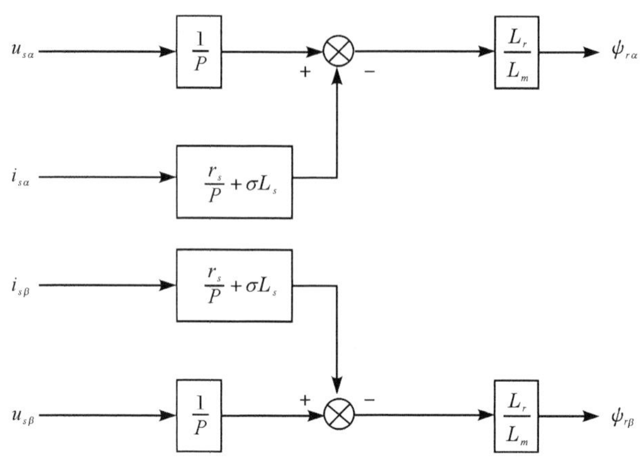

图 3.3　转子磁链电压模型

此种模型不需要转速信号，且与易变难测的转子电阻无关，受参数变化影响较小，且算法也较简单，便于应用。但不足的是其积分环节容易引入累积误差，而且转速较低时，定子电阻引起的压降对结果影响较大。

对于电压模型存在的不足，3.3 节提出了一种改进方法。

3.3　转子磁链观测方法的改进

由于电流模型需要转速信号及转子时间常数等较多电机参数的输入，在一些应用场合受到限制。而电压模型结构简单，涉及的电机参数较少，在应用中采用较多。但电压模型具有对反电动势的积分环节，由于在信号采样及 A/D 转换等环节中不可避免的误差，会给输入带来直流偏置，进而在积分运算后引起饱和，造成观测结果偏离实际值。

通常的解决方法是在积分环节后对磁链引入高通滤波，但它在实现了对积分饱和抑制的同时，也带来了幅值和相位的误差，这就需要对结果进行补偿。常规补偿方法由于系数固定，在电机高速运行情况下适用，但在低速时，常有过补偿的危险[3]。已有学者对此进行了充分的研究，提出了一系列的改进措施，主要有高低速时分别用电压电流模型动态结合[4]、滑模变结构观测模型[5]等解决办法，但大都有需要分段调节、复杂的特点。文献[6]提出了一种基于正交补偿的系数计算方法，动态地计算补偿系数，解决了高速与低速阶段需要区别设置的问题，在宽速度范围内具有很好的适应性。

另外，电机运行时由于负载变化和控制的需要常会造成观测器输入信号频率突变，致使观测的磁链波动，引起机械脉动，因此迅速的磁链跟踪很有必要。有学者提出了改进低通滤波算法，先对反电动势进行补偿，然后进行低通滤波[7]。这种交换了顺序后的磁链观测器，在磁链跟踪的响应速度上获得了更好的效果。下文就是基于这些方法进行优化改进，设计出新的转子磁链观测器，以适应更高性能磁链观测的需要。

3.3.1　电压模型及其误差分析

矢量控制中转子磁链观测器的电压模型如下：

$$\psi_r = \frac{L_r}{L_m}\left[\int (u_s - R_s i_s)\,\mathrm{d}t - \sigma L_s i_s\right] \tag{3.7}$$

从式(3.7)中可以看出，为了观测磁链，需要测量定子电压、电流大小并知道定子电阻值。由于实际运行中电磁干扰及 A/D 采样转换时的误差存在，不可避免地会带来直流偏置，这种误差在经过积分环节之后，会逐渐累积，使观测结果偏离实际大小，给估算带来相当大的误差。

设积分环节输入信号为 $x(t)$，A_{dc}为 $x(t)$中的直流偏置误差，则有

$$x(t) = A\sin(\omega t + \theta_0) + A_{\mathrm{dc}} \tag{3.8}$$

经过积分环节后，输出信号 $y(t)$为

$$y(t) = \int x(t)\,\mathrm{d}t = -\frac{A}{\omega}\cos(\omega t + \theta_0) + A_{\mathrm{dc}} t \tag{3.9}$$

从式(3.9)可以看出误差项 $A_{\mathrm{dc}} t$ 随着时间的增加而增大，引起积分饱和。在积分环节后引入高通滤波，其实际效果等同于反电动势直接进入低通滤波环节，故式(3.7)中的积分部分可表达为

$$\int E\mathrm{d}t = E\frac{1}{s}\,\frac{s}{s+\omega_c} = \frac{E}{s+\omega_c} \tag{3.10}$$

式中，$E = u_s - r_s i_s$，为反电动势。

$$y(t) = \frac{A}{\sqrt{\omega_e^2+\omega_c^2}}\sin(\omega_e t + \theta_0 - \theta) + \frac{A}{\sqrt{\omega_e^2+\omega_c^2}}\sin(\theta - \theta_0)\mathrm{e}^{-\omega_c t} + \frac{A_{\mathrm{dc}}}{\omega_c}(1 - \mathrm{e}^{-\omega_c t}) \tag{3.11}$$

式中，$\theta = \arctan(\omega_e/\omega_c)$。从第 1 项可以看出，低通滤波引起了幅值和相位的误差；从第 2 项可看出，由于初始值引起的分量随着时间呈指数规律衰减；从第 3 项可以看出，引入误差随着时间累积，最终趋于一个稳定量 A_{dc}/ω_c，低通截止频率 ω_c越大对直流偏置误差抑制能力越强。设式中施加的信号 $x(t) = \sin(10t + \pi/2) + 0.05$，即反电动势频率为 10Hz，直流偏置为 0.005A。图 3.4 中 y_0为不带直流偏置的理

想状态波形，y_1 为积分器饱和引起结果漂移的波形，y_2 为截止频率 10Hz 时低通滤波后的波形。从图中可以看出，进行了低通滤波后，磁链幅值比起实际值降低，相位前移。故在低通滤波后需要进行幅值及相位补偿，以消除引入的误差，达到更准确的磁链观测。

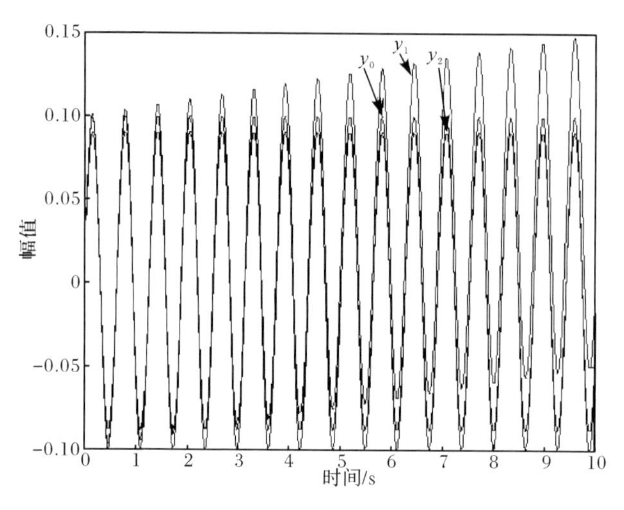

图 3.4　积分饱和及低通滤波误差分析

3.3.2　非线性正交补偿

为了获得更准确的磁链补偿和更高的跟踪速度，可以用非线性正交方法来确定补偿系数，从而实现准确补偿。

由于在电机低速运行时，定子电阻压降在反电动势中所占的比例增大，而电动机在运行过程中定子电阻并不是一个固定值，它会随着电机温升而变化，因此定子电阻误差引起的观测精度下降不可避免。为了解决这一问题，常对观测值进行补偿，而宽速度范围内同一补偿系数的补偿方式会造成低速时有较大误差，非线性正交补偿的方法是一种很好的解决方案。

在对观测磁链进行补偿时，设 ψ_x 为磁链反馈补偿信号，则磁链输出可表达为

$$\psi_r = \frac{L_r}{L_m}\left(\int E\mathrm{d}t - \sigma L_s i_s\right) + \psi_x \tag{3.12}$$

若磁链观测准确，则 ψ_x 为 0，不需要进行补偿。若观测不准确，就需要根据实际误差大小来动态确定补偿系数，补偿信号 ψ_x 可以表示为

$$\psi_x = \lambda\psi_r \tag{3.13}$$

式中，补偿系数 λ 取决于观测的磁链矢量和检测出的反电势矢量之间的正交程度，由式(3.14)决定：

$$\lambda=\frac{E_{\alpha}\cdot\psi_{r\alpha}+E_{\beta}\cdot\psi_{r\beta}}{|E|\cdot|\psi_{r}|} \tag{3.14}$$

由于磁链与反电动势呈积分关系，如果观测准确，那么磁链矢量与反电动势矢量必然正交，补偿系数 λ 就应该为 0，即无须补偿。如果二者不正交，则 λ 恰好反映了误差的大小，因此可以来确定补偿量的大小。这种方法在全速度范围内可动态计算补偿大小，无需额外的工作来确定补偿系数。

3.3.3 磁链观测响应速度的改进

为了在输入信号的频率突变时，磁链观测值能准确地跟踪其变化，可先对反电动势进行补偿，然后进行低通滤波。这种交换了顺序后的磁链观测器，可以在磁链跟踪的响应速度上获得更好的效果。

低通滤波器基本算法的数学表达式为

$$y=ax_{k}+by_{k-1}=\sum^{k}ab^{(k-n-1)}x_{n} \tag{3.15}$$

式中，$a=T/(1+\omega T)$；$b=1/(1+\omega T)$。

设 $c(\omega)$ 为补偿函数，则在 t 时刻，如果输入频率突变，其输出为

$$y_{k}'=\sum^{k}ab^{(k-n-1)}xc(\omega_{1}) \tag{3.16}$$

在突变下一时刻，其输出为

$$y_{k+1}'=\sum_{n=1}^{k+1}ab^{(k-n)}x_{n}c(\omega_{2})=ax_{k+1}c(\omega_{2})+by_{k}'c(\omega_{2}) \tag{3.17}$$

显然在原理上，输出会随着输入信号频率的突变而突变，不能达到平滑动态跟踪的目的。如果交换了补偿与滤波的顺序，频率突变下一时刻的输出就会变为

$$y_{k+1}''=ax_{k+1}c(\omega_{2})+by_{k}''=ax_{k+1}c(\omega_{2})+by_{k}c(\omega_{1}) \tag{3.18}$$

从式(3.18)可以看出，当输入信号的频率突变时，交换顺序后的算法仅对频率突变后的输入信号按新频率进行跟踪补偿，而维持旧频率决定输出信号成分不变。这种性质与理想积分器相一致，符合误差补偿的需要，避免了输出随着输入信号频率的突变而突变的问题。在理论上解决了动态跟踪的误差问题，可实现对磁链的准确跟踪。

3.3.4 仿真及结果分析

对基于这种改进的新型转子磁链观测器模型，在 MATLAB/Simulink 中建模后进行仿真实验，对其效果进行验证分析。仿真中先对反电动势进行补偿，再对其进行滤波，然后根据观测到的磁链与反电动势的正交程度计算补偿系数，按照实际需要进行补偿。其结构如图 3.5 所示。

在对反电动势进行补偿时，ω_{c}/ω_{e} 作为补偿系数。当转速较低时，定子电角频

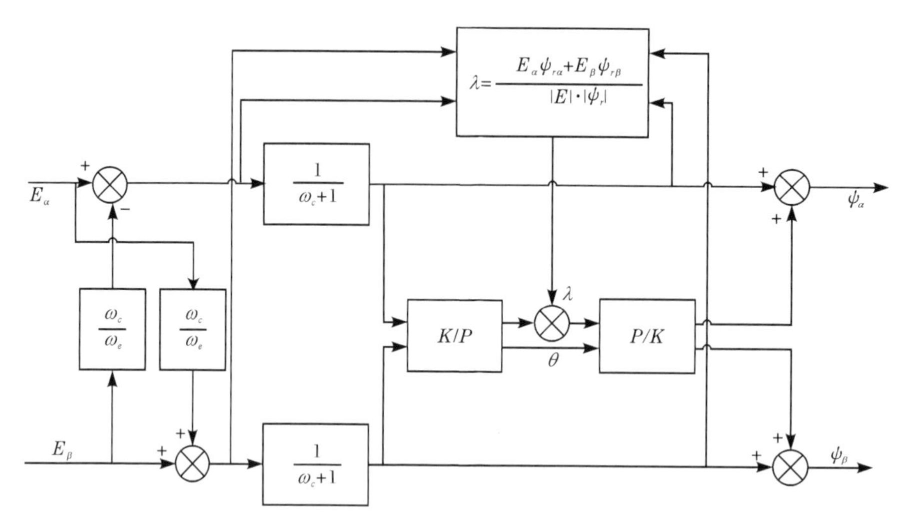

图 3.5　顺序调整的低通滤波正交补偿磁链系统框图

率 ω_e很小，计算出来的补偿系数会过大，很可能造成过补偿，这一点可以通过饱和限幅来解决，上限值可设为 3。

这种磁链观测器若应用于 PWM 型变频器驱动的感应电机时，由于反电动势是跳变的值，因此无法得到连续的补偿系数 λ，这就需要根据实际对磁链观测模型进行改进。一种可行的办法是在反电动势后添加一阶惯性环节 $\omega_c/(s+\omega_c)$对其进行平滑处理。同时，为了保证相位的一致，也要对磁链进行同样的处理。否则计算出来的补偿系数将会连续跳变，输出磁链将剧烈波动。

经过平滑处理后的信号如图 3.6 所示，可以看到其以正弦规律变化。

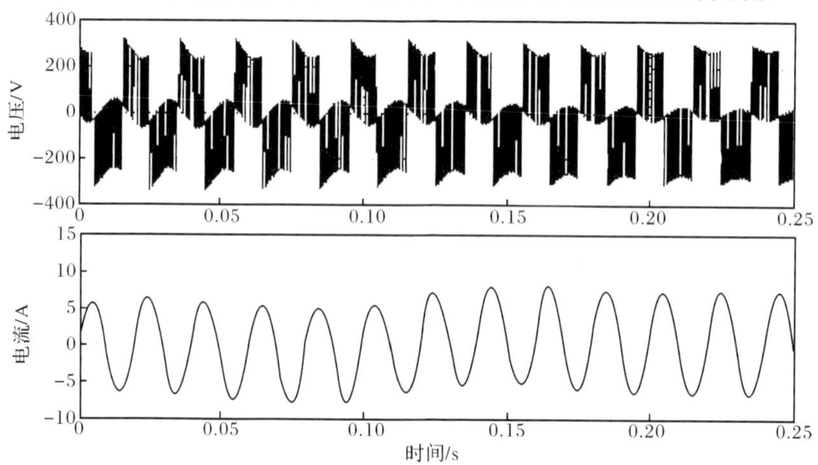

图 3.6　反电动势平滑处理前后曲线

另外，补偿时为了不带来相位的误差，需要在极坐标系下进行补偿。对输出磁链值经过 K/P 变换后，其幅值与相位分离，此时对幅值进行补偿，之后经过 K/P 反变换还原到直角坐标系下。由于只对磁链的幅值进行了补偿，所以避免了对其相位造成影响。

此模型中的一些基本参数为：输入电压 380V，频率 50Hz，电机极对数 $P=2$，定子电阻 $R_s=0.435\Omega$，漏感 $L_{ls}=L_{lr}=0.002\text{mH}$，转子电阻 $R_r=0.816\Omega$，互感 $L_m=0.069\text{mH}$，转动惯量 $J=0.19\text{kg}\cdot\text{m}^2$。低通截止频率的最优范围为转子角频率的 0.2～0.3 倍，模型中电机的最终转速约为 1400r/min，故低通截止频率的取值范围可为 $\omega_c=1400/60\times2\pi(0.2\sim0.3)=29.3\sim44.0$。在仿真中，其最佳值可根据实际波形的改善情况进行确定。

为了测定其动态性能，0s 时进行 25N · m 的轻载启动，0.5s 时突加负载到 757N · m，以观察其观测准确程度和磁链跟踪的快慢。

由仿真模型得到的非线性正交补偿系数的变化如图 3.7 所示。

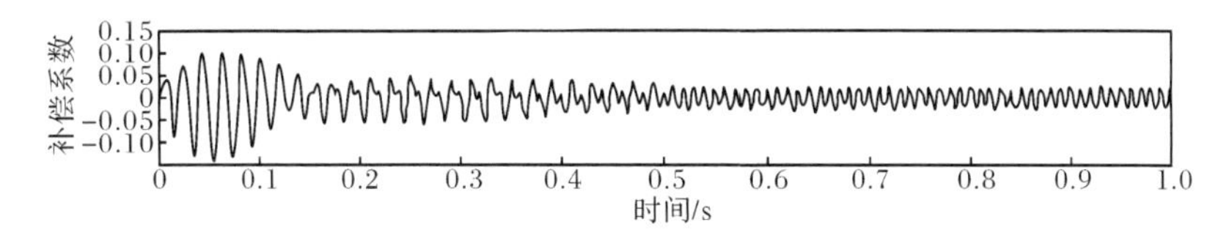

图 3.7　非线性正交补偿系数 λ 曲线

由图可见，在运行初始阶段大约 0.15s 内，补偿系数有一个随着反电动势与磁链的相位差大幅调整的过程，在轻载条件下，最终值在±0.05 内波动。再加上重载后，几乎无滞后地达到稳定，但幅度有所减小，最后稳定在±0.025 内以正弦规律波动，也使得输出磁链波形波动较小。

图 3.8 中曲线 y_0 是由仿真模型中的电机测量模块得到的磁链曲线，是理想情况下的磁链值；y_1 是传统积分模型得到的磁链曲线。从图中可以看出，传统方法得出的磁链在初始时刻超调就很大，后逐渐收敛，但仍在真实值上下有大幅的波动，在 0.5s 负载突变后，在第一个周期内没有反映磁链变化趋势，而且波动明显增大。

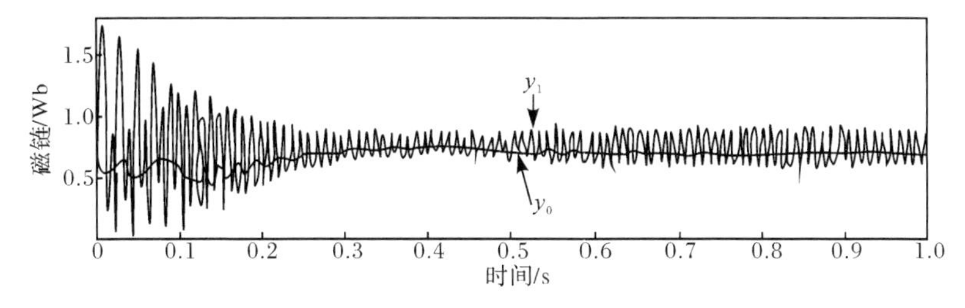

图 3.8　传统积分方法电压模型的磁链曲线

图 3.9 中曲线 y_2 是应用本书方法改进后观测到的磁链曲线，可以看出采用非线性正交反馈补偿方法改进后，输出磁链很好地跟踪了实际的情况，在负载突变时保持了稳定，几乎没有波动，而且新方法在负载突变时迅速跟踪实际磁链变化趋势。可见，新方法较传统的积分方法显著减小波动，极大地改善了磁链曲线，具有良好的稳定性和跟随特性。

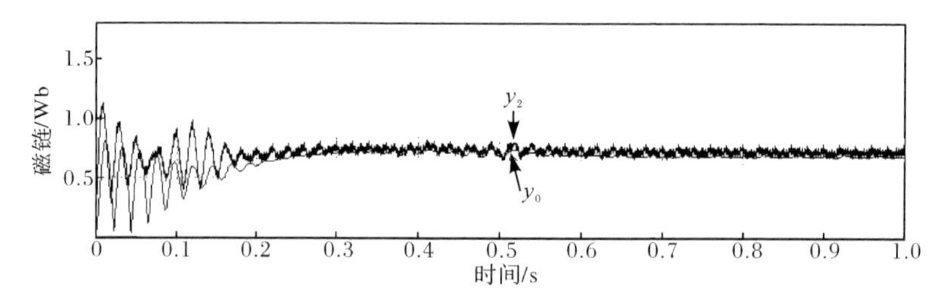

图 3.9 交换顺序的低通滤波正交补偿磁链曲线

由于采样误差在实际系统中会不可避免地引入，而在仿真中，各种参数是理想情况下的，即忽略了一些现实中存在的可能影响结果的因素。因此结合误差分析的结果，可以预见，对于实际应用中的误差更大的情况，改进的磁链观测模型会有更好的效果。

3.4 本章小结

本章讨论了矢量控制中转子磁链观测的必要性，并介绍了常用的转子磁链观测电流模型和电压模型及其特点。针对电压模型的不足进行改进，提出了一种基于正交反馈双补偿方法的转子磁链观测器。

在改进后的双补偿新型转子磁链观测器中，非线性正交补偿方法根据磁链与反电动势的矢量正交程度，来确定补偿的大小，可以根据实际需要来动态地补偿低通滤波造成的误差，很好地解决了传统补偿方法在不同速度范围需要分别确定补偿系数的问题。交换补偿与低通滤波顺序的方法，可以实现频率突变时观测器输出磁链的迅速跟踪。仿真结果分析表明，经过在滤波之前对反电动势进行补偿，使磁链输出迅速跟踪了输入频率的变化，避免了输出的大幅跳变。而在磁链输出环节中，非正交补偿系数的引入，使磁链补偿实时反映了实际误差的大小，在宽速度范围内达到了准确的补偿。运用二者结合改进后的模型得到的磁链曲线，较传统电压模型得到的磁链曲线波动大幅度减小，频率突变时磁链跟踪速度得到提高，磁链输出效果得到明显改善，具有一定的理论和实用价值。

参考文献

[1] Hilairet M, Auger F, Berthelot E. Speed and rotor flux estimation of induction machines using a two-stage extended Kalman filter. Automatica,2009,45(8):1819-1827.

[2] De la Barrera P M, Bossio G R, Solsona J A, et al. On-line iron loss resistance identification by a state observer for rotor-flux-oriented control of induction motor. Energy Conversion and Management,2008,49(10):2742-2747.

[3] 何志明,廖勇,向大为. 定子磁链观测器低通滤波器的改进. 中国电机工程学报,2008,28(18):61-65.

[4] 邓青宇,廖晓钟,冬雷,等. 一种基于定子磁场定向矢量控制的异步电机磁链观测模型. 电工技术学报,2007,22(6):30-34.

[5] 黄志武,阳同光. 基于滑模观测器定子磁链观测研究. 电气传动,2008,38(9):43-46.

[6] 贾洪平,贺益康. 一种适合 DTC 应用的非线性正交反馈补偿磁链观测器. 中国电机工程学报,2006,26(1):101-105.

[7] 高锋阳,黄聪月,翟建国. 低通滤波器观测定子磁链对 DTC 性能改善研究. 电气传动自动化,2010,32(2):9-12.

第4章　基于模型参考自适应的全阶磁链观测

4.1 引　　言

在感应电动机的无速度矢量控制系统中，若要实时对电机控制，磁链是最基本的量，并且电机转速的计算也必须要首先获得磁链值。由于电机转速无法直接测得，所以对电机磁链的观测显得尤为重要，并且需要知道磁链的相位和幅值，磁链观测直接影响着电机转速的估算，磁链观测误差大小都会影响电机的转速计算的精确度，同时也影响矢量控制系统的性能好坏，所以在磁链观测这一环节，如何精确的观测磁链是一个关键的问题，所采用的方法不一样，得到的结果也许就不一样，所估算的电机转速也就不一样，如果转速不能尽可能准确地得到估算，那么在控制过程就会出现问题，就无法达到最优效果。

在现在的科技条件下，磁链矢量值 ψ_r 和磁场定向角 φ_s 可以采用基于磁敏式检测和探测线圈检测的直接法，也可以采用观测模型的间接法，直接法需要在电机定子侧内表面安装霍尔传感器，或在电动机槽内安置探测线圈，这些方法虽然精度较高，但是在电动机内部安装检测元件存在技术和工艺等的问题限制，并且还容易受到齿槽的影响，故检测到的信号里容易含有大量的脉动分量。直接法只能针对特定的电机，不能随意地移动到其他未安装检测装置的电机上，所以使用起来不方便。目前使用比较突出的是间接法，即采用观测模型的方法，这种方法是通过检测电动机的定子电压、电流等容易测得的量，利用磁链观测模型来计算转子磁链矢量以及其他量。状态观测器出现于 20 世纪中期，它的面世使得状态反馈技术得到了实际应用，越来越多的控制工程里采用了这种观测器来辅助实施实时控制[1-4]。

模型参考自适应方法是为了满足实时控制的需要引入的，此模型包括参考模型、控制对象和自适应调节机构三部分，它以参考模型的输出为标准，自适应机构通过比较参考模型和被控对象之差，确定自适应律，不断调节参数，或者产生一定的辅助信号，使控制对象能够很好地跟随参考模型的变化发生变化。自适应参数辨识是把被控对象放在参考模型的位置，自适应机构根据两者误差 e 不断改变可调系统的参数，直到 e 趋近于零，最终可调模型收敛于被控对象的模型中[4]。

4.2　转子磁链观测模型

在三相异步电动机的调速控制系统中，对磁场的控制是整个控制的核心问题，在基频以上调速需要进行弱磁控制，而在基频以下调速则不论模型如何，都要保持恒定的气隙磁场。按转子磁链定向的控制中，要清楚磁场的大小以及位置，这样就必须控制电机磁场，所以首先要进行磁场的检测。电动机磁场不容易进行检测[5]，普遍采用观测模型的方法，转子磁链观测最基本的方法包括电压模型法和电流模型法两种，电流模型又分为在两相静止坐标系下的电流模型和在旋转坐标系下的电流模型。

4.2.1　电流模型

1. 在两相静止坐标系下的电流模型

根据异步电动机在两相静止坐标系下的数学模型电压方程可以得到定子回路的电压方程：

$$\begin{cases} u_{s\alpha}=R_s i_{s\alpha}+L_s \dfrac{\mathrm{d}i_{s\alpha}}{\mathrm{d}t}+L_m \dfrac{\mathrm{d}i_{r\alpha}}{\mathrm{d}t} \\ u_{s\beta}=R_s i_{s\beta}+L_s \dfrac{\mathrm{d}i_{s\beta}}{\mathrm{d}t}+L_m \dfrac{\mathrm{d}i_{r\beta}}{\mathrm{d}t} \end{cases} \tag{4.1}$$

在静止坐标系下，转子磁链在 α、β 上的分量为

$$\begin{cases} \psi_{r\alpha}=L_m i_{s\alpha}+L_r i_{r\alpha} \\ \psi_{r\beta}=L_m i_{s\beta}+L_r i_{r\beta} \end{cases} \tag{4.2}$$

所以

$$\begin{cases} i_{r\alpha}=\dfrac{1}{L_r}(\psi_{r\alpha}-L_m i_{s\alpha}) \\ i_{r\beta}=\dfrac{1}{L_r}(\psi_{r\beta}-L_m i_{s\beta}) \end{cases} \tag{4.3}$$

令 $u_{r\alpha}=u_{r\beta}=0$，且将式(4.3)代入，经整理后可以得到三相异步电机的转子磁链的电流模型：

$$\begin{cases} \psi_{r\alpha}=\dfrac{1}{T_r P+1}(L_m i_{s\alpha}-\omega T_r \psi_{r\beta}) \\ \psi_{r\beta}=\dfrac{1}{T_r P+1}(L_m i_{s\beta}+\omega T_r \psi_{r\alpha}) \end{cases} \tag{4.4}$$

式中，T_r是转子电磁时间常数，$T_r=L_m/R_r$，两相静止坐标系下转子磁链电流模型如图 4.1 所示。

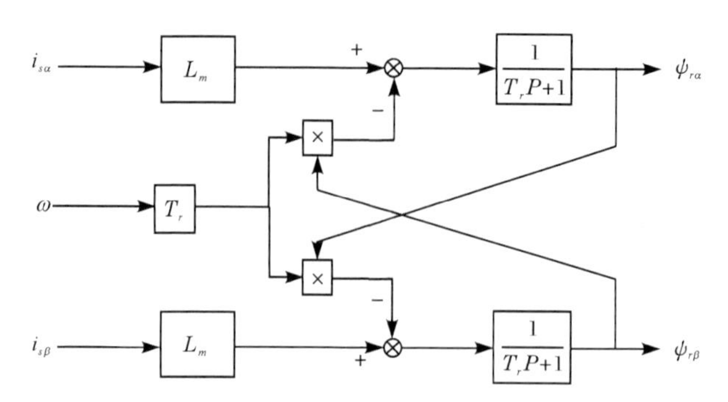

图 4.1　两相静止坐标系下转子磁链电流模型

2. 两相旋转坐标系下的电流模型

按转子磁链定向的两相旋转坐标系下的转子磁链电流模型是首先检测定子三相电流和转速 ω_r 然后计算转子磁链，三相定子电流经过 $3s/2r$ 变换从而得到定子电流的转矩分量 i_{st} 和励磁分量 i_{sm}。异步电机矢量控制方程式如下所示：

$$T_e=n_p\frac{L_m}{L_r}i_{st}\psi_r \tag{4.5}$$

$$\omega_s=\frac{L_mi_{st}}{T_r\psi_r} \tag{4.6}$$

$$\psi_r=\frac{L_m}{T_rP+1}i_{sm} \tag{4.7}$$

由矢量控制方程(4.6)所示，可以计算得到电机转差 ω_s 和定子频率 ω_1（$\omega_1=\omega_r+\omega_s$），采用矢量控制方程(4.7)可以计算电机转子磁链。此矢量控制模型如图 4.2 所示。

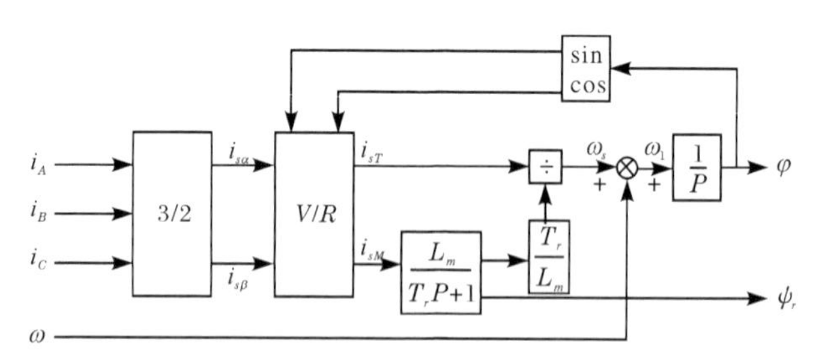

图 4.2　基于旋转坐标系下的转子磁链电流模型

4.2.2　电压模型

请参见 3.2.3 节内容。

4.3　感应电机全阶磁链观测模型

4.3.1　全阶状态观测器理论基础

如果被控对象是可观测的，那么可以采用被控对象的输入输出量，通过状态观测器重构被控对象的状态，假如重构后状态向量的维数与被控对象状态向量的维数相等，这样的状态观测器即是全阶磁链观测器。全阶自适应状态观测器也称为 Luenberger 观测器，这种方法也属于 MRAS，用电机自身作为参考模型、用全阶状态观测器作为可调模型[6]。这种方法的优点是不但回避了纯积分问题，而且保证了参考模型的准确性，同时降低了对电机参数的敏感性。

设被控对象的动态状态方程为

$$\dot{x}=Ax+Bu,\quad y=Cx \tag{4.8}$$

根据被控对象的模型，可以构建一个拥有与式(4.8)相同动态方程的模拟系统。

$$\dot{\hat{x}}=A\hat{x}+Bu,\quad \hat{y}=C\hat{x} \tag{4.9}$$

式中，$\hat{x}$、$\hat{y}$ 为模拟系统中的状态估计值和输出向量。

在模拟系统和被控对象初始状态向量相同时，输入相同时，有 $\hat{x}=x$。然而，被控对象初始状态可能不一样，并且模拟系统中的积分器在初始条件时的设置只能是预估，所以，两个系统的初始状态总会有差异，即使是两个系统的 A、B、C 完全一样，也肯定会存在估计状态和被控对象实际状态间的误差 $\hat{x}-x$，这就很难实现状态的准确观测。但误差 $\hat{x}-x$ 的存在也必将导致 $\hat{y}-y$ 的存在，这时，如果被控系统输出的量可以得到，就可以由反馈控制的原理，利用 $\hat{y}-y$，构建输出负反馈，控制其尽可能快的逼近于 0，从而使 $\hat{x}-x$ 也能尽快逼近于 0。按照以上理论可以构建全阶磁链观测器：

$$\begin{cases}\dot{\hat{x}}=A\hat{x}+Bu+H(\hat{y}-y)\\ \hat{y}=C\hat{x}\end{cases} \tag{4.10}$$

此观测器拥有两个输入 u 和 y，输出为 $\hat{x}$，H 是观测器的输出量反馈矩阵，把 $\hat{y}-y$ 反馈至 $\hat{x}$ 上，可以对其进行极点配置，提高动态性能尽快使($\hat{x}-x$)逼近于 0，H 可以按任意配置极点的需要进行选择，其决定状态误差衰减的速率。

4.3.2　异步电机状态空间模型

异步电动机的等值电路有三种形式：T 形电路、逆 Γ 形电路和 Γ 形电路，而在现实生活中 T 形电路应用最为广泛，本书采用 T 形等值电路来推导电机状态空间模型，T 形等值电路如图 4.3 所示。

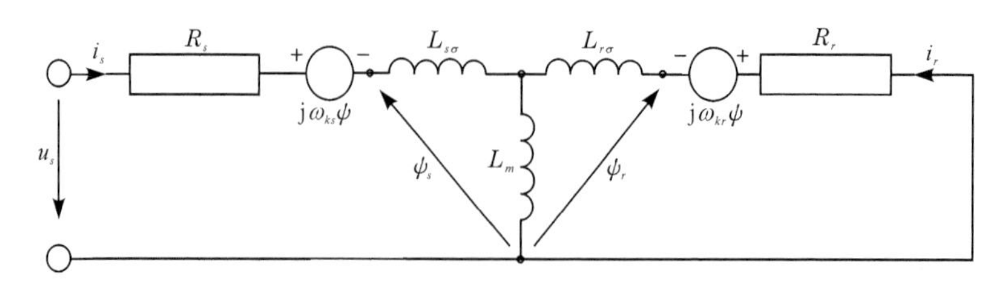

图 4.3 任意角速度 ω_k 旋转的 d-q 坐标系中 T 形稳态等值电路

1. T 形等值电路

异步电动机的电压方程用空间矢量的形式表示：

$$\begin{cases}\underline{u}_s=R_s\underline{i}_s+\dfrac{\mathrm{d}\underline{\psi}_s}{\mathrm{d}t}+\mathrm{j}\omega_k\underline{\psi}_s\\[2ex]0=R_r\underline{i}_r+\dfrac{\mathrm{d}\underline{\psi}_r}{\mathrm{d}t}+\mathrm{j}(\omega_k-\omega_r)\underline{\psi}_r\end{cases}\tag{4.11}$$

式中，R_r 为转子电阻；R_s 为定子电阻；ω_r 为转子电角的速度；$\underline{u}_s$ 为定子电压的矢量；$\underline{i}_r$ 为转子电流的矢量；$\underline{i}_s$ 为定子电流的矢量；$\underline{\psi}_r$ 为转子磁链的矢量；$\underline{\psi}_s$ 为定子磁链的矢量，其中

$$\begin{cases}\underline{u}_s=u_{sd}+\mathrm{j}u_{sq}\\\underline{i}_s=i_{sd}+\mathrm{j}i_{sq}\\\underline{\psi}_s=\psi_{sd}+\mathrm{j}\psi_{sq}\\\underline{i}_r=i_{rd}+\mathrm{j}i_{rq}\\\underline{\psi}_r=\psi_{rd}+\mathrm{j}\psi_{rq}\end{cases}\tag{4.12}$$

磁链方程：

$$\begin{cases}\underline{\psi}_s=L_s\underline{i}_s+L_m\underline{i}_r\\\underline{\psi}_r=L_r\underline{i}_r+L_m\underline{i}_s\end{cases}\tag{4.13}$$

式中，L_r 为转子电感；L_s 为定子电感；L_m 是互感；定转子的电感定义成：$L_s=L_m+L_{ls}$ 和 $L_r=L_m+L_{lr}$，其中的 L_{lr} 和 L_{ls} 是转子漏感和定子漏感。

电磁转矩的方程：

$$T_e=\frac{3}{2}n_p\mathrm{Im}\{\underline{i}_s\,\underline{\psi}_s^*\}\tag{4.14}$$

式中，n_p 是电机的极对数；ψ_s^* 是定子磁链的矢量 ψ_s 的共轭矢量；Im{}表示获取复数的虚部。

$$\frac{\mathrm{d}\psi_m}{\mathrm{d}t}=\frac{n_p}{J}(T_e-T_L)\tag{4.15}$$

式中，ω_m是转子的机械角速度；J 是机械的转动惯量；T_L是负载的转矩。

2. 状态空间模型

1) 基于 T 形等值电路的感应电机状态方程

异步电机在忽略温度变化、肌肤效应和励磁饱和的前提下，因为转子转速相对于电流和磁链来说是一个缓慢变化的量，因此可以把转速看作常量，那么异步电机可以用一个四阶线性方程来描述，要建立状态空间模型，需要选择恰当的状态变量，按转子磁场定向中选择定子电流和转子磁链作为状态变量，直接转矩控制中选择定子磁链和转子磁链作为状态变量[7]。

由式(2.14)和磁链方程(4.13)可以建立电动机在任意旋转角速度 ω_k 旋转坐标系中的状态方程：

$$\frac{\mathrm{d}}{\mathrm{d}t}\begin{bmatrix} i_{sd} \\ i_{sq} \\ \psi_{sd} \\ \psi_{sq} \end{bmatrix} = \begin{bmatrix} -\left(\dfrac{R_s}{\sigma L_s}+\dfrac{1-\sigma}{\sigma\tau_r}\right) & \omega_k & \dfrac{L_m}{\sigma L_s L_r \tau_r} & \dfrac{L_m}{\sigma L_s L_r}\cdot\omega_r \\ -\omega_k & -\left(\dfrac{R_s}{\sigma L_s}+\dfrac{1-\sigma}{\sigma\tau_r}\right) & -\dfrac{L_m}{\sigma L_s L_r}\omega_r & \dfrac{L_m}{\sigma L_s L_r \tau_r} \\ \dfrac{L_m}{\tau_r} & 0 & -\dfrac{1}{\tau_r} & \omega_k-\omega_r \\ 0 & \dfrac{L_m}{\tau_r} & -(\omega_k-\omega_r) & -\dfrac{1}{\tau_r} \end{bmatrix} \begin{bmatrix} i_{sd} \\ i_{sq} \\ \psi_{sd} \\ \psi_{sq} \end{bmatrix} + \begin{bmatrix} \dfrac{1}{\sigma L_s}\cdot u_{sd} \\ \dfrac{1}{\sigma L_s}\cdot u_{sq} \\ 0 \\ 0 \end{bmatrix} \tag{4.16}$$

式中，总漏感系数 $\sigma=(L_sL_r-L_m^2)/(L_sL_r)$；总漏感 $L'=\sigma L_s$；转子时间常数 $\tau_r=L_r/R_r$；ω_r是转子的电角频率；ω_e是同步角频率。

2) 电机方程的复矢量形式

以转子磁链和定子磁链为状态变量，由 T 形等值电路和式(4.16)构造以定转子磁链为状态变量的状态方程：

$$\begin{cases} \dot{\underline{z}} = \begin{bmatrix} -\dfrac{1}{\tau_s'}-\mathrm{j}\omega_k & \dfrac{1}{\tau_s'} \\ \dfrac{1-\sigma}{\tau_r'} & -\dfrac{1}{\tau_r'-\mathrm{j}(\omega_k-\omega_m)} \end{bmatrix}\underline{z} + \begin{bmatrix} 1 \\ 0 \end{bmatrix}\underline{u}_s \\ \underline{i}_s = \begin{bmatrix} \dfrac{1}{L_\sigma} & -\dfrac{1}{L_\sigma} \end{bmatrix}\underline{z} \end{cases} \tag{4.17}$$

式中，$z=\begin{bmatrix}\psi_s\\\psi_r\end{bmatrix}$；$\sigma=\dfrac{L_{s\sigma}+L_{r\sigma}}{L_m+L_{s\sigma}+L_{r\sigma}}$；$\tau_s'=\dfrac{L_{s\sigma}+L_{r\sigma}}{R_s}$；$\tau_r'=\dfrac{\sigma L_m}{R_r}$。

以定子电流和转子磁链为状态变量，令 $k_r=L_m/L_r$ 为转子磁耦合因子；$R_\sigma=R_s+K_r^2R_r$ 为等效电阻；$\tau_\sigma'=\sigma L_s/R_\sigma$ 为瞬时时间常数；取定子电流和转子磁链为状态变量，$x=[\underline{i}_s\quad \underline{\psi}_r]^{\mathrm{T}}$，状态方程可以写成

$$\begin{cases}\dot{x}=\begin{bmatrix}-\dfrac{1}{\tau_\sigma'}-\mathrm{j}\omega_k & \dfrac{k_r}{L_s'}\left(\dfrac{1}{\tau_r}-\mathrm{j}\omega_r\right)\\ \dfrac{L_m}{\tau_r} & -\dfrac{1}{\tau_r}-\mathrm{j}(\omega_k-\omega_r)\end{bmatrix}x+\begin{bmatrix}\dfrac{1}{L_s'}\\0\end{bmatrix}\underline{u}_s\\ \underline{i}_s=[1\quad 0]\underline{x}\end{cases}\tag{4.18}$$

4.3.3　模型参考自适应控制原理

异步电机全阶磁链观测器原理图如图4.4，它以电机本身作为参考模型，引入电机实际电流与观测电流误差作为校正相对电机状态量进行观测。

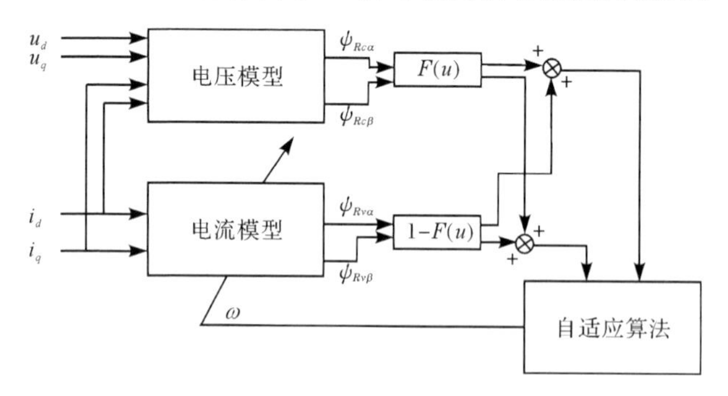

图4.4　感应电机全阶磁链观测器原理图

感应电动机的全阶磁链观测器是以电机本身为参考模型的，构建状态方程以观测电机的磁链和定子电流，并且将定子电流作为输出，引入实际电流与估算电流的误差作为反馈校正项，通过调整校正项的反馈矩阵增益，达到改善全阶磁链观测器性能的效果[8]。这样就能很好地将定子电流与估计电流的误差实时的反馈到观测器中，以促使观测器调整参数，尽快使误差趋于零，以达到准确辨识转速的目的。

4.3.4　改善的全阶磁链观测器数学模型

1. 以定子磁链和转子磁链为状态变量的数学模型

参考电机状态方程可得，当以定子磁链和转子磁链为状态变量时，引入电流反馈项，全阶磁链观测器可以表示为

$$
\begin{cases}
\dot{\hat{\underline{z}}}=\begin{bmatrix} -\dfrac{1}{\hat{\tau}'_s}-\mathrm{j}\omega_k & \dfrac{1}{\hat{\tau}'_s} \\ \dfrac{1-\sigma}{\hat{\tau}'_r} & -\dfrac{1}{\hat{\tau}'_r-\mathrm{j}(\omega_k-\hat{\omega}_m)} \end{bmatrix}\hat{\underline{z}}+\begin{bmatrix}1\\0\end{bmatrix}\underline{u}_s+\underline{L}(\underline{i}_s-\hat{\underline{i}}_s) \\
\hat{\underline{i}}_s=\begin{bmatrix}\dfrac{1}{\hat{L}_\sigma} & -\dfrac{1}{\hat{L}_\sigma}\end{bmatrix}\hat{\underline{z}}
\end{cases}
\tag{4.19}
$$

式中，$\hat{\underline{z}}=\begin{bmatrix}\hat{\underline{\psi}}_s\\ \hat{\underline{\psi}}_r\end{bmatrix}$；$\underline{L}=\begin{bmatrix}\underline{l}_s\\ \underline{l}_r\end{bmatrix}$是反馈矩阵，$\underline{l}_s=l_{sd}+\mathrm{j}l_{sq}$，$\underline{l}_r=l_{rd}+l_{rq}$。

把式(4.17)和式(4.19)做差可以得到误差方程：

$$
\begin{cases}
\dot{\underline{e}}=\left(\begin{bmatrix} -\dfrac{1}{\tau'_s}-\mathrm{j}\omega_k & \dfrac{1}{\tau'_s} \\ \dfrac{1-\sigma}{\tau'_r} & -\dfrac{1}{\tau'_r-\mathrm{j}(\omega_k-\omega_m)} \end{bmatrix}-\begin{bmatrix}\underline{l}_s\\ \underline{l}_r\end{bmatrix}\begin{bmatrix}\dfrac{1}{\hat{L}_\sigma} & -\dfrac{1}{\hat{L}_\sigma}\end{bmatrix}\right)\underline{e}\begin{bmatrix}0\\ \mathrm{j}\hat{\underline{\psi}}\end{bmatrix}e_\omega \\
\underline{e}_i=\begin{bmatrix}\dfrac{1}{\hat{L}_\sigma} & -\dfrac{1}{\hat{L}_\sigma}\end{bmatrix}\underline{e}
\end{cases}
\tag{4.20}
$$

2. 以定子电流和转子磁链为状态变量的数学模型

基于以上的理论，在旋转坐标系下，构建基于等值 T 形电路的全阶磁链观测模型，增加电流反馈项：

$$
\begin{cases}
\dot{\hat{\underline{x}}}=\begin{bmatrix} -\dfrac{1}{\hat{\tau}'_\sigma}-\mathrm{j}\omega_k & \dfrac{k_r}{\hat{L}'_s}\left(\dfrac{1}{\hat{\tau}_r}-\mathrm{j}\hat{\omega}_r\right) \\ \dfrac{L_m}{\hat{\tau}_r} & -\dfrac{1}{\hat{\tau}_r}-\mathrm{j}(\omega_k-\hat{\omega}_r) \end{bmatrix}\hat{\underline{x}}+\begin{bmatrix}\dfrac{1}{\hat{L}'_s}\\0\end{bmatrix}\underline{u}_s+K(\underline{i}_s-\hat{\underline{i}}_s) \\
\hat{\underline{i}}_s=[1\quad 0]\hat{\underline{x}}
\end{cases}
\tag{4.21}
$$

式中，$\dot{\hat{\underline{x}}}=\begin{bmatrix}\hat{\underline{i}}_s\\ \hat{\underline{\psi}}_r\end{bmatrix}$；$\hat{\tau}'_\sigma=\dfrac{\hat{L}_s}{\hat{R}_s+\hat{R}_r}$；$\underline{K}=\begin{bmatrix}\underline{k}_s\\ \underline{k}_r\end{bmatrix}$，$\underline{k}_s=\dfrac{\underline{l}_s-\underline{l}_r}{L_s}$，$\underline{k}_r=\underline{l}_r$。

将式(4.21)和式(4.18)做差可以得到误差方程：

$$
\begin{cases}
\dot{\underline{e}}_{i\psi}=\left(\begin{bmatrix} -\dfrac{1}{\hat{\tau}'_\sigma}-\mathrm{j}\omega_k & \dfrac{k_r}{\hat{L}'_s}\left(\dfrac{1}{\hat{\tau}_r}-\mathrm{j}\hat{\omega}_r\right) \\ \dfrac{L_m}{\hat{\tau}_r} & -\dfrac{1}{\hat{\tau}_r}-\mathrm{j}(\omega_k-\hat{\omega}_r) \end{bmatrix}-\underline{K}[1\quad 0]\right)\underline{e}_{i\psi}+\begin{bmatrix}-\dfrac{\mathrm{j}\,\hat{\underline{\psi}}_r}{L_s}\\ \mathrm{j}\,\hat{\underline{\psi}}_r\end{bmatrix}e_\omega \\
\underline{e}_i=[1\quad 0]\underline{e}_{i\psi}
\end{cases}
\tag{4.22}
$$

式中，$\underline{e}_{i\psi}=[\underline{e}_{i_s} \quad \underline{e}_{\psi_R}]^{\mathrm{T}}$，$\underline{e}_{\psi_R}=\underline{\psi}_R-\hat{\underline{\psi}}_R$ 为转子磁链误差；$e_\omega=\omega_r-\hat{\omega}_r$ 为转速误差；$\underline{e}_i=\underline{i}_s-\hat{\underline{i}}_s$ 为电流误差；$\underline{e}_{\psi_s}=\underline{\psi}_s-\hat{\underline{\psi}}_s$ 为定子磁链误差。

4.3.5 电机转速的获取

由于电机的转速无法直接获得，所以只能通过检测的数据根据自适应率辨识得到。基于全阶磁链观测的电机转速辨识公式为

$$\begin{cases}\hat{\omega}_r=-\left(k_p+k_i\int \varepsilon \mathrm{d}t\right) \\ \varepsilon=\mathrm{Im}\{\underline{e}_i\,\hat{\underline{\psi}}_R^*\}\end{cases} \tag{4.23}$$

式中，ε 为转速自适应信号；$\hat{\underline{\psi}}_R^*$ 为$\hat{\underline{\psi}}_R$ 的共轭；Im 为取复数的虚部；k_p是比例系数，k_i为积分系数。

4.4 全阶磁链观测器反馈矩阵的设计

4.4.1 转子磁链观测器的复合形式

1. 特征函数

本书引入特征函数 $F(s)$来设计磁链计算模型，在频域内把任何一种转子磁链观测器的观测磁链表示为电流模型观测磁链和电压模型观测磁链的复合形式，如式(4.26)所示。

电流模型磁链观测器观测磁链在频域内的计算模型：

$$\hat{\underline{\psi}}_{Rv}=\frac{\hat{R}_R\,\underline{i}_s}{s+\frac{1}{\hat{\tau}_r}+\mathrm{j}(\omega_k-\hat{\omega}_m)} \tag{4.24}$$

电压模型磁链观测器观测磁链在频域内的计算模型：

$$\hat{\underline{\psi}}_{Rc}=\frac{\underline{u}_s-\hat{R}_s\underline{i}_s-\hat{L}_s-\mathrm{j}\omega_k\,\hat{L}_\sigma\underline{i}_s}{s+\mathrm{j}\omega_k} \tag{4.25}$$

磁链观测的复合模式：

$$\hat{\underline{\psi}}_R=F(s)\hat{\underline{\psi}}_{Rv}+(1-F(s))\hat{\underline{\psi}}_{Rc}$$

即

$$\begin{cases}\hat{\psi}_{r\alpha}=F(s)\hat{\underline{\psi}}_{Rv\alpha}+(1-F(s))\hat{\underline{\psi}}_{Rc\alpha} \\ \hat{\psi}_{r\beta}=F(s)\hat{\underline{\psi}}_{Rv\beta}+(1-F(s))\hat{\underline{\psi}}_{Rc\beta}\end{cases} \tag{4.26}$$

2. 特征函数的推导

特征函数是把磁链计算模型中，把电压模型和电流模型复合起来的一个参考函数[7,8]，现对其进行推导，把式(4.20)展开进行变换可以得到

$$\underline{u}_s = [\hat{R}_s + j\omega_k(\hat{L}_{s\sigma} + \hat{L}_{r\sigma})]\hat{\underline{i}}_s + (\hat{L}_{s\sigma} + \hat{L}_{r\sigma})\dot{\hat{\underline{i}}}_s + \hat{R}_R\hat{\underline{i}}_s - \left(\frac{1}{\hat{\tau}_r} - j\hat{\omega}_m\right)\hat{\underline{\psi}}_R - \underline{k}_s(\hat{L}_{s\sigma} + \hat{L}_{r\sigma})(\underline{i}_s - \hat{\underline{i}}_s) \tag{4.27}$$

$$\dot{\hat{\underline{\psi}}}_R = \hat{R}_R\hat{\underline{i}}_s - \left(\frac{1}{\hat{\tau}_r} + j(\omega_k - \hat{\omega}_m)\right)\hat{\underline{\psi}}_R + \underline{k}_r(\underline{i}_s - \hat{\underline{i}}_s) \tag{4.28}$$

式(4.27)和式(4.28)在频域内又可表示为

$$\frac{\underline{u}_s}{\hat{L}_\sigma} - \left(s + \frac{1}{\hat{\tau}'_\sigma} + j\omega_k\right)\underline{i}_s + \frac{1}{\hat{L}_{s\sigma} + \hat{L}_{r\sigma}}\left(\frac{1}{\hat{\tau}_r} - j\hat{\omega}_m\right)\hat{\underline{\psi}}_R = -\left(s + \frac{1}{\hat{\tau}'_\sigma} + j\omega_k + \underline{k}_s\right)(\underline{i}_s - \hat{\underline{i}}_s) \tag{4.29}$$

$$\left[s + \left(\frac{1}{\hat{\tau}_r} + j(\omega_k - \hat{\omega}_m)\right)\right]\hat{\underline{\psi}}_R - \hat{R}_R\underline{i}_s = (\underline{l}_r - \hat{R}_R)(\underline{i}_s - \hat{\underline{i}}_s) \tag{4.30}$$

对式(4.29)和式(4.30)中消去 $\underline{i}_s - \hat{\underline{i}}_s$ 可得全阶观测器的磁链计算式：

$$\hat{\underline{\psi}}_s = \frac{\frac{1}{\hat{L}_\sigma}(\hat{R}_R - \underline{k}_r)(s + j\omega_k)}{\left(s + \frac{1}{\hat{\tau}'_\sigma} + j\omega_k + \underline{k}_s\right)\left[s + \frac{1}{\hat{\tau}_r} + j(\omega_k - \hat{\omega}_m)\right] - \frac{1}{\hat{L}_{s\sigma} + \hat{L}_{r\sigma}}(\hat{R}_R - \underline{k}_r)\left(\frac{1}{\hat{\tau}_r} - j\hat{\omega}_m\right)} \cdot \frac{\underline{u}_s - \hat{R}_s\underline{i}_s - \hat{L}_s - j\omega_k\hat{L}_\sigma\underline{i}_s}{s + j\omega_k}$$
$$+ \left(1 - \frac{\frac{1}{\hat{L}_\sigma}(\hat{R}_R - \underline{k}_r)(s + j\omega_k)}{\left(s + \frac{1}{\hat{\tau}'_\sigma} + j\omega_k + \underline{k}_s\right)\left[s + \frac{1}{\hat{\tau}_r} + j(\omega_k - \hat{\omega}_m)\right] - \frac{1}{\hat{L}_{s\sigma} + \hat{L}_{r\sigma}}(\hat{R}_R - \underline{k}_r)\left(\frac{1}{\hat{\tau}_r} - j\hat{\omega}_m\right)}\right) \cdot \frac{\hat{R}_R\underline{i}_s}{s + \frac{1}{\hat{\tau}_r} + j(\omega_k - \hat{\omega}_m)} \tag{4.31}$$

式(4.31)表达的是磁链的全阶观测器与电压模型和电流模型之间的关系，表示方式上与式(4.26)一样，所以可以得到该磁链全阶观测器特征函数：

$$F(s)=\frac{\frac{1}{\hat{L}_{s\sigma}+\hat{L}_{r\sigma}}(\hat{R}_R-\underline{k}_r)(s+\mathrm{j}\omega_k)}{\left(s+\frac{1}{\hat{\tau}'_\sigma}+\mathrm{j}\omega_k+\underline{k}_s\right)\left[s+\frac{1}{\hat{\tau}_r}+\mathrm{j}(\omega_k-\hat{\omega}_m)\right]-\frac{1}{\hat{L}_{s\sigma}+\hat{L}_{r\sigma}}(\hat{R}_R-\underline{k}_r)\left(\frac{1}{\hat{\tau}_r}-\mathrm{j}\hat{\omega}_m\right)} \tag{4.32}$$

这样，可以对全阶磁链观测器的参数进行合理设计，理想中的观测器在低速时可以近似电流模型的观测器，在中高速时可以平滑切换到电压模型磁链观测器。

4.4.2　反馈矩阵的设计

由上一节全阶磁链观测器矢量模型可以看出，当反馈矩阵为 0 时，全阶磁链观测器在电压模型和电流模型之间无法实现平滑切换，并且在中高速的时候，磁链观测系统会呈现过阻尼情况。这就要求必须对反馈矩阵进行设计，以解决电压模型和电流模型的平滑切换，使其能满足同步旋转坐标系下以定子磁链和转子磁链为状态变量的全阶磁链观测器的应用需要。

传统反馈矩阵增益：$\underline{L}=\begin{bmatrix}-R_s\\R_r\end{bmatrix}$或者$\underline{L}=\begin{bmatrix}-R_s\\-\infty\end{bmatrix}\approx\begin{bmatrix}-R_s\\-R\end{bmatrix}$。当反馈矩阵分别按这两个矩阵设计时，定子磁链为纯电压模型，而转子磁链则分别为电流模型和电压模型，而第二种负无穷无法实现，可以用一个大于 R_R 的电阻 R 近代替。

改进的反馈矩阵：$\underline{L}=\begin{bmatrix}-\hat{R}_s+k_f\hat{L}_\sigma\\\hat{R}_r\end{bmatrix}$，前两个反馈矩阵里的与转子磁链相关的反馈增益不一样，根据这两个矩阵和改进的矩阵形式，本书提出式(4.33)的改进方法，把其设计为一个跟随电机转速线性递增的数，以实现电流模型和电压模型的平滑切换。

$$\underline{L}=\begin{bmatrix}-R_s+k_f\hat{L}_\sigma\\R_r-k_b|\omega_m|\end{bmatrix} \tag{4.33}$$

式中，$k_b=(R_r+R)/\omega_b$，$k_f=2|\omega_e|$，$R=5R_r$。

采用如此方法设计的反馈矩阵可以实现全阶磁链观测器中电压模型和电流模型的平滑切换。当电机转速较低时，观测器可以实现接近于电流模型的磁链观测，当转速不断增大时，与转速有关的数值也不断增大，全阶磁链观测器可以实现接近于电压模型的磁链观测。

4.5　仿真及结果分析

为了验证本书涉及的反馈矩阵增益对磁链观测器影响假想理论以及所提出的方法的正确性和有效性，对所涉及磁链观测模型设置参数并进行仿真，进行全阶磁链观测器对电机低中高速观测仿真实验，在仿真过程中，反馈矩阵设置为零和按式(4.33)方法配置，同时电机采用带速度反馈的矢量控制，转子磁链给定值为 0.88Wb，1s 给定转速指令，设定转速 1200r/min、600r/min 和 30r/min 的电动机转速和辨识转速，实际磁链和观测磁链的对比分别如图 4.5～图 4.10 所示。

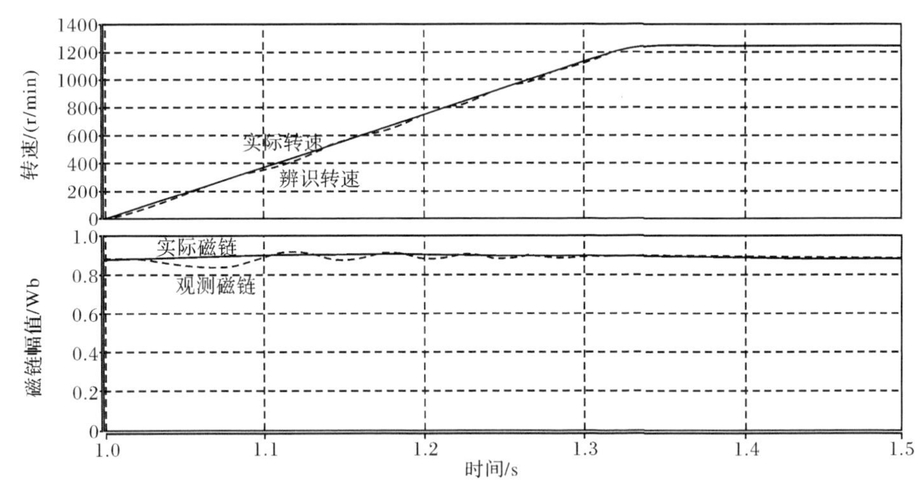

图 4.5　设定转速为 1200r/min，反馈矩阵是 0，实际转速和辨识转速、实际磁链和辨识磁链的对比

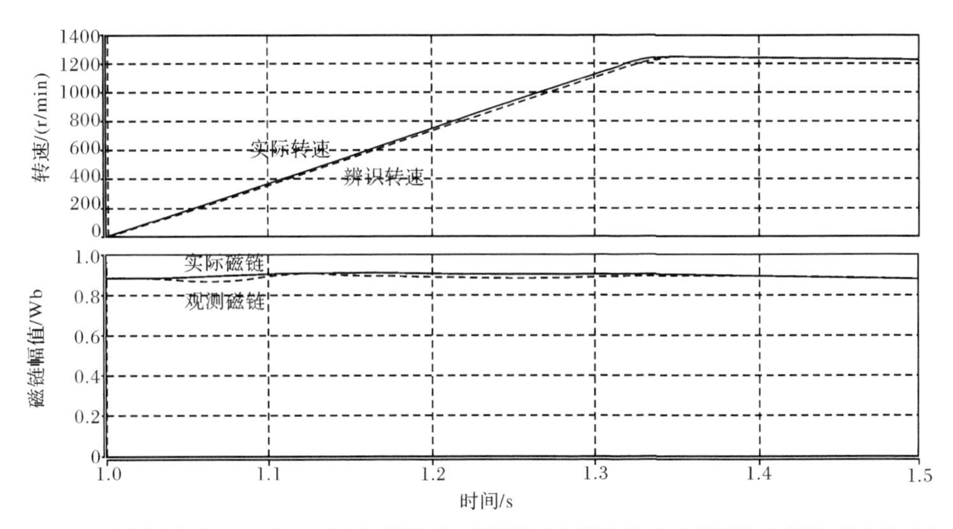

图 4.6　设定转速为 1200r/min，应用反馈矩阵，实际转速和辨识转速、实际磁链和辨识磁链的对比

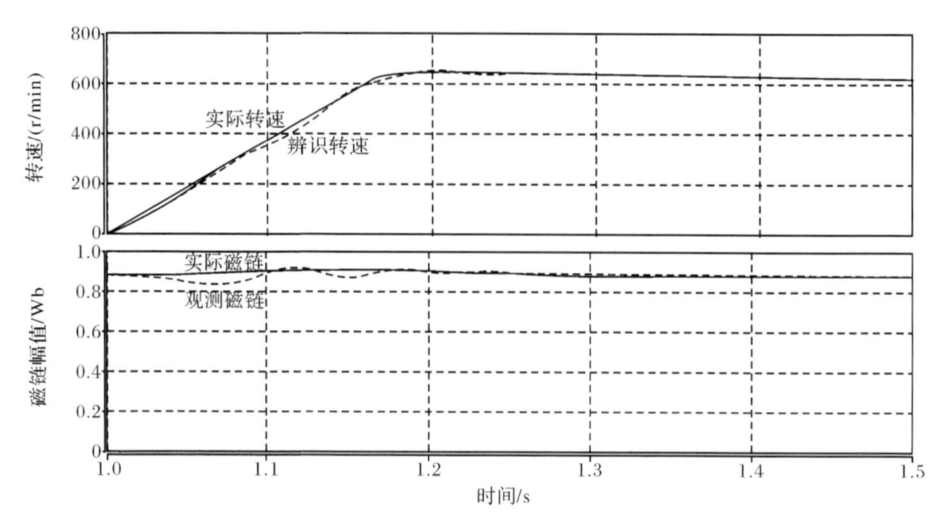

图 4.7　设定转速为 600r/min，反馈矩阵是 0，实际转速和辨识转速、实际磁链和辨识磁链的对比

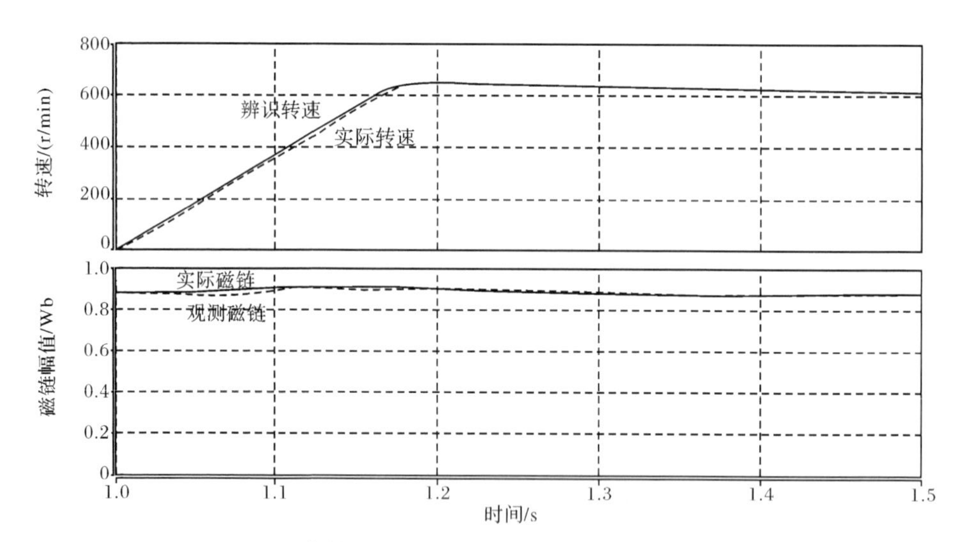

图 4.8　设定转速为 600r/min，应用反馈矩阵，实际转速和辨识转速、实际磁链和辨识磁链的对比

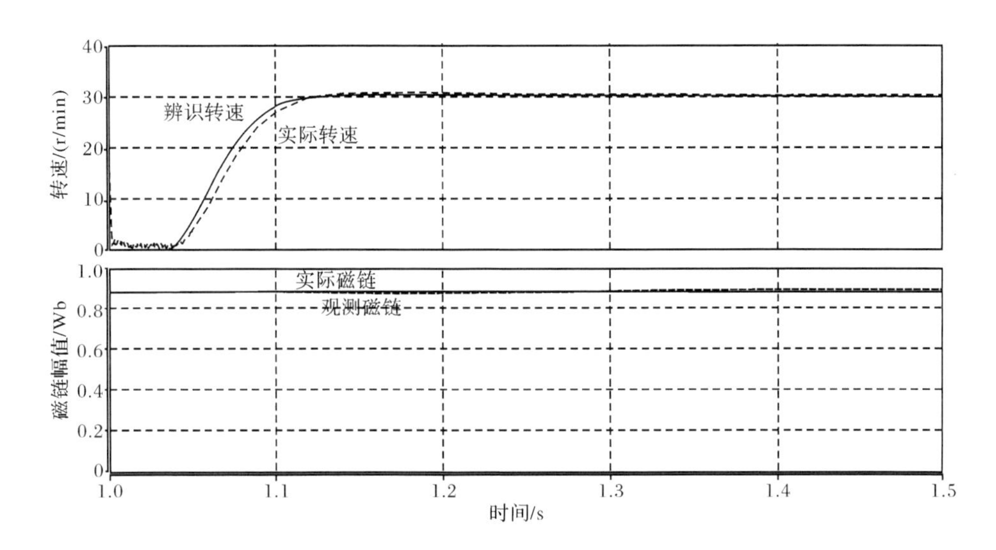

图 4.9　设定转速为 30r/min,反馈矩阵是 0,实际转速和辨识转速、实际磁链和辨识磁链的对比

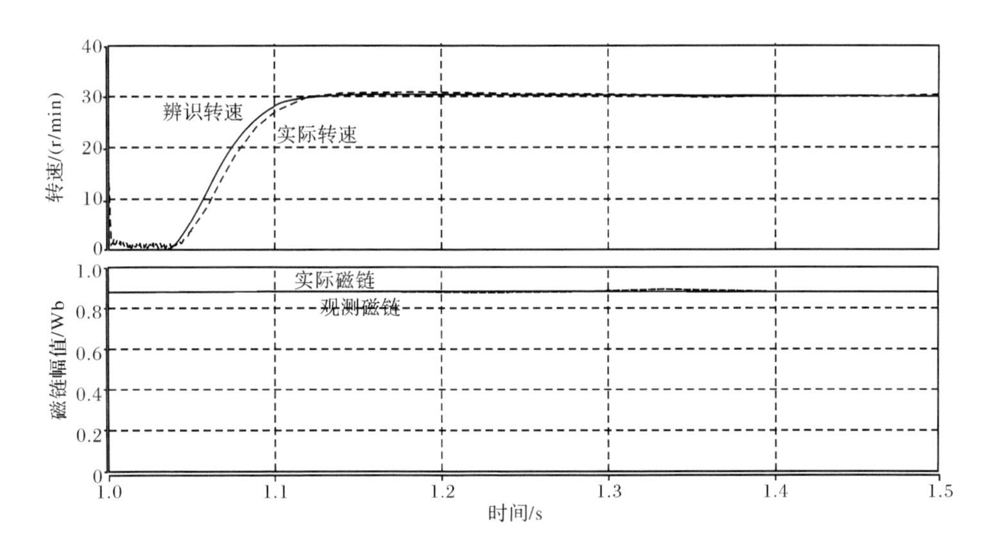

图 4.10　设定转速为 30r/min,应用反馈矩阵,实际转速和辨识转速、实际磁链和辨识磁链的对比

由反馈矩阵和特征函数的计算模型可以知道,当电机转速较低时,磁链观测接近于电流模型的观测;当电机转速比较高时,计算模型接近于电压模型的观测。电机运行速度比较低时,辨识转速能够跟随着实际转速变化,电机的实际磁链和观测的磁链曲线基本上重合,这和反馈矩阵使磁链的全阶观测器在低速区域运行

时近似电流模型的观测器相关，电流模型的观测器在电机低速运行时的稳定性比较好。同时可以知道，当反馈矩阵不为零时比反馈矩阵为零时速度响应速率有所提高，并且提高了抗干扰的能力和收敛速度。

4.6 本章小结

本章对全阶磁链观测器简单进行了概述，分别以定子转子磁链为状态变量和以定子电流、转子磁链为状态变量建立全阶磁链观测状态模型，采用闭环矢量控制模式。在对磁链进行计算的模型中，引入特征函数的概念，并对其进行了推导，由于本书采用电流模型和电压模型的复合形式，所以采用反馈矩阵，改进了常规的反馈矩阵的模型，使电机在低速运行时，辨识系统接近电流模型，在中高速时接近于电压模型，最后通过仿真验证了所设计参数辨识模型的正确性。

参考文献

[1] 徐占国，邵诚，冯冬菊. 基于模型参考自适应的感应电机励磁互感在线辨识新方法. 中国电机工程学报，2010，30(3)：70-76.

[2] 张永昌，赵争鸣. 基于自适应观测器的异步电机无速度传感器模糊矢量控制. 电工技术学报，2010，25(3)：40-47.

[3] Schauder C. Adaptive speed identification for vector control of induction motors without rotational transducers. IEEE Transaction on Industry Applications，1992，28(5)：1054-1061.

[4] 王卫东，张奕黄，杨岳峰. 电动游览车电机控制器设计. 电气设计，2007，11：60-62.

[5] 罗慧. 感应电机全阶磁链观测器和转速估算方法研究. 武汉：华中科技大学博士学位论文，2009.

[6] 奚国华，许为，喻寿益，等. 一种改善异步电机定子磁链观测器精度的方法. 电气传动，2007，37(10)：21-24.

[7] 邓歆. 异步电机全阶磁链观测器的设计分析及其应用研究. 武汉：华中科技大学博士学位论文，2010.

[8] Kim J H，Woo J，Ki S. Novel rotor-flux observer using observer characteristic function in complex vector space for field-oriented induction motor drives. IEEE Transaction on Industry Applications，2002，38(5)：1334-1343.

第5章　基于无速度传感器的感应电机矢量控制方案

5.1　引　　言

与带旋转编码器(PG)的矢量控制相比,无PG的矢量控制能获得接近闭环控制的性能,并且省去了速度传感器,降低了成本也减小了外部环境对控制系统的影响。同时无PG矢量控制可获得改进的低速运行特性,变负载下的速度调节也得到了改善,还可以获得高启动转矩,在高摩擦和惯性负载的启动中具有明显优势,另外还实现了完全解耦,不需要增加解耦器,控制方法简单,精确度更高。

由于在带PG的矢量控制系统中,转子转速 ω 可以使用速度传感器直接检测,故其可直接用作反馈量输入到矢量控制系统;无PG的矢量控制系统因为没有速度传感器,所以转子的转速 ω 不能被直接测量,但是如果检测磁链角速度 ω_1,那么反过来可以求出 $\omega=\omega_l-\omega_s$,如果已知电机参数如定子电流、电压、转子磁链等等,则可以计算出 $\omega_s=L_m i_{st}/T_r\psi_r$,而通过准确的磁链观测即可获得磁链角速度。

无PG矢量控制系统实现的方法有很多种,如PI自适应法、动态速度估算法、卡尔曼滤波法、模型参考自适应法、神经网络法等等,但是它所解决的问题是转子磁链的观测和转子转速的估计。所以矢量控制的核心内容是电机参数的辨识,即采用一种恰当的方法在线辨识电机运行时的转速和磁链等参数[1-3]。

本章在第4章参数辨识的基础上构建无速度传感器矢量控制模型,应用全阶磁链观测器对电机磁链和转速进行观测和计算,通过解耦电路和控制电路最后实现对三相异步电动机的控制。

5.2　无速度传感器矢量控制方案

无速度传感器矢量控制系统是在一般矢量控制的基础上提出来的,其省去了速度传感器和编码器,依靠参数在线或者离线辨识来获得电机磁链和转速。在最近的二三十年来,各国的学者都致力于无速度传感器矢量控制系统的研究,矢量控制系统以其高精度的控制性能、简单的控制算法等优点,逐渐成为了电机控制的热门研究对象。无速度矢量控制技术始于常规带速度传感器的交流传动系统,而控制系统性能的好坏取决于速度辨识的精确度和辨识的范围,如何准确地获取转速等参数是矢量控制系统首要解决的问题[4]。

无 PG 的矢量控制技术沿用磁场定向的方法，以控制算法为基础，用检测到的定子电压、定子电流等容易得到的物理量对电机转速加以计算，这就取代了带 PG 的矢量控制中速度检测环节。矢量控制技术的核心是电动机参数的辨识，而选用的参数辨识的方法不同，那么得到的参数精确度也就不一样，电机控制的效果就会有所不同，所以准确地对电动机参数辨识是无速度传感器矢量控制的关键技术。一般的速度估算方法，因为电动机转子的参数在运行中不断变化，将导致不能被准确估算的结果，影响矢量控制系统的动态性能[5]。

电机参数的离线辨识是最早使用的电机参数辨识方法，一般是在电机非运行状态下采用直流实验、空载试验、堵转试验和结余电压实验对电机参数进行的辨识，虽然辨识方法精度高，但是电机运行过程中，参数将发生不断改变，所以离线辨识也就不能很好地反应电机运行特性，因此，在线辨识是必需的[6]。

在在线辨识的各种方法中，最小二乘法是一种最基本的方法，但是其实现时需要大量的内存记忆以及重复计算，所以效率不高；扩展卡尔曼滤波法是一种迭代式的非线性估算方法，适用于非线性、多输入多输出、时变系统的在线辨识或离线辨识，但是其需要较多的矩阵运算，操作起来比较复杂，因此实时实现具有一定困难；滑模变结构法是一种非线性自适应控制，可根据被调量的偏差及其导数，有目的的使系统按设计好的滑动模态打点轨迹运动，但其系统不稳定，易受到开关延迟、磁滞现象引起的高频振荡的影响，威胁较大；模型参考自适应法是设定参考模型，调节可调模型使之与参考模型输出误差降为零，从而实现参数辨识的目的；神经网络法根据网络本身的自学习和调节能力不断修改自身数据以实现对复杂系统的参数辨识和控制目的，但是其理论研究不是非常成熟，另外构建模型硬件有一定难度[7]。

鉴于此，本书采用模型参考自适应法对电机参数进行在线辨识，建立参考模型与可调模型，通过建立的自适应机构来调节可调模型的参数，使参考模型和可调模型的输出误差趋于零，在系统出现动态变化或有干扰时，仍能保证系统有良好的性能。无 PG 的矢量控制系统是采用模型自适应算法来计算速度以替代带 PG 矢量控制中用编码器采集速度的控制方法，也就是在原有的矢量控制系统基础上加入了速度估算环节，这里使用基于 MRAS 的全阶磁链观测器对磁链进行观测并对速度进行估算。

5.3　基于 MRAS 的矢量控制

本章给出的无速度传感器矢量控制系统模型是基于 MRAS 全阶自适应观测器建立起来的，并且在进行空间矢量脉宽调制(SVPWM)控制之前已经实现了定子电流励磁分量和转矩分量的完全解耦，构建矢量控制的模型如图 5.1 所示。

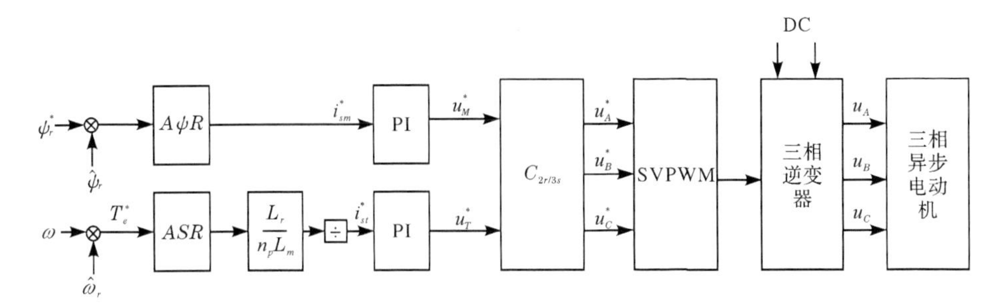

图 5.1　带除法环节的解耦矢量控制系统

5.3.1　基于 MRAS 的全阶磁链观测和速度估算

由第 4 章所设计的磁链观测器，可以知道磁链观测器如式(4.24)所示，误差方程如式(4.25)所示，转速计算如式(4.26)所示，自适应模型如图 5.2 所示。

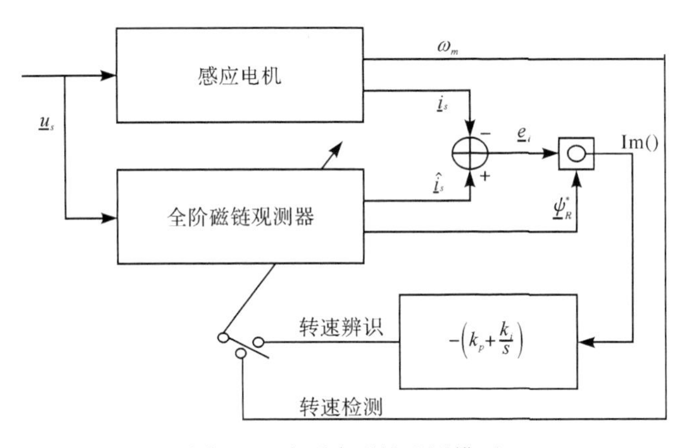

图 5.2　自适应磁链观测模型

此全阶磁链观测器采用改进的反馈矩阵，并且在磁链观测部分使用电压模型和电流模型的复合型式，在反馈矩阵的调节下，电机在运行过程中，辨识转速能很好地跟随电机实际转速的变化而变化，这样也就验证了此模型在电机高中低速运行时的可用性，由第 3 章实验验证可知，在电机低速运行时，观测模型接近电流模型的观测器；高速运行时，接近于电压模型的观测器，使得电机磁链的观测更加准确可靠。

5.3.2　矢量控制算法推导

1. 解耦电路

按转子磁链定向的两相同步旋转坐标系中，则

$$\psi_{rd}=\psi_{rm}=\psi_r,\quad \psi_{rq}=\psi_{rd}=0 \tag{5.1}$$

由第 2 章旋转坐标系上建立的电机数学模型可以知道，将式(5.1)代入该模型并用 m、t 代替 d、q，可以得到

$$T_e=\frac{n_p L_m}{L_r} i_{st}\psi_r \tag{5.2}$$

$$\frac{\mathrm{d}\omega}{\mathrm{d}t}=\frac{n_p^2 L_m}{J L_r} i_{st}\psi_r-\frac{n_p}{J}T_L \tag{5.3}$$

$$\frac{\mathrm{d}\psi_r}{\mathrm{d}t}=-\frac{1}{T_r}\psi_r+\frac{L_m}{T_r}i_{sm} \tag{5.4}$$

$$0=-(\omega_1-\omega)\psi_r+\frac{L_m}{T_r}i_{st} \tag{5.5}$$

$$\frac{\mathrm{d}i_{sm}}{\mathrm{d}t}=\frac{L_m}{\sigma L_s L_r T_r}\psi_r-\frac{R_s L_r^2+R_r L_m^2}{\sigma L_s L_r^2}i_{sm}+\omega_1 i_{st}+\frac{u_{sm}}{\sigma L_s} \tag{5.6}$$

$$\frac{\mathrm{d}i_{st}}{\mathrm{d}t}=-\frac{L_m}{\sigma L_s L_r T_r}\omega\psi_r-\frac{R_s L_r^2+R_r L_m^2}{\sigma L_s L_r^2}i_{st}+\omega_1 i_{sm}+\frac{u_{st}}{\sigma L_s} \tag{5.7}$$

因为 $\mathrm{d}\psi_{rt}/\mathrm{d}t=0$，所以式(5.5)即为代数方程，可整理成转差公式：

$$\omega_1-\omega=\omega_s=\frac{L_m}{T_r\psi_r}i_{st} \tag{5.8}$$

由式(5.4)可以得到

$$T_r P\psi_r+\psi_r=L_m i_{sm},\quad 即\ \psi_r=\frac{L_m}{T_r P+1}i_{sm} \tag{5.9}$$

由式(5.8)和式(5.9)可以得到

$$i_{st}=\frac{T_r\psi_r}{L_m}(\omega_1-\omega) \tag{5.10}$$

$$i_{sm}=\frac{T_r P+1}{L_m}\psi_r \tag{5.11}$$

2. $2r/3s$ 逆变换

由坐标变换和变换矩阵有

$$\begin{bmatrix} i_\alpha \\ i_\beta \end{bmatrix}=\sqrt{\frac{2}{3}}\begin{bmatrix} 1 & -\frac{1}{2} & -\frac{1}{2} \\ 0 & \frac{\sqrt{3}}{2} & -\frac{\sqrt{3}}{2} \end{bmatrix}\begin{bmatrix} i_A \\ i_B \\ i_C \end{bmatrix},\quad \begin{bmatrix} i_d \\ i_q \end{bmatrix}=\begin{bmatrix} \cos\varphi & \sin\varphi \\ -\sin\varphi & \cos\varphi \end{bmatrix}\begin{bmatrix} i_\alpha \\ i_\beta \end{bmatrix}$$

由此可以推导出由两相旋转坐标系到三相静止坐标系的坐标变换方式(以 m、t 代替 d、q):

$$\begin{bmatrix} i_A^* \\ i_B^* \\ i_C^* \end{bmatrix}=\sqrt{\frac{2}{3}}\begin{bmatrix} 1 & 0 \\ -\frac{1}{2} & \frac{\sqrt{3}}{2} \\ -\frac{1}{2} & -\frac{\sqrt{3}}{2} \end{bmatrix}\left(\begin{bmatrix} \cos\varphi & -\sin\varphi \\ \sin\varphi & \cos\varphi \end{bmatrix}\begin{bmatrix} i_m^* \\ i_t^* \end{bmatrix}\right) \tag{5.12}$$

即

$$\begin{bmatrix} U_A^* \\ U_B^* \\ U_C^* \end{bmatrix}=\sqrt{\frac{2}{3}}\begin{bmatrix} 1 & 0 \\ -\frac{1}{2} & \frac{\sqrt{3}}{2} \\ -\frac{1}{2} & -\frac{\sqrt{3}}{2} \end{bmatrix}\left(\begin{bmatrix} \cos\varphi & -\sin\varphi \\ \sin\varphi & \cos\varphi \end{bmatrix}\begin{bmatrix} U_m^* \\ U_t^* \end{bmatrix}\right) \tag{5.13}$$

5.3.3　电压空间矢量脉宽调制技术

SVPWM 是一个相对直接和简单的控制方式,它以脉宽调制技术为基础发展起来的,生成的电压矢量对电网电流谐波的含量影响比较低,同时能生成正弦波形,这就保证了电能得到了充分的利用,电压的使用率也比较高[8]。

SVPWM 的目的是实现逆变器输出的电压矢量按圆形磁场运动,这是通过改变逆变器的八种组合模型状态来实现的。一般把圆平面平均分成六个扇区,在某一个时刻,U_{out}旋转到某一个扇区中,它可以由在同一个扇区相邻的两个非零电压矢量在各自的作用时间上的矢量和得出。电压矢量在坐标上的投影合成图如

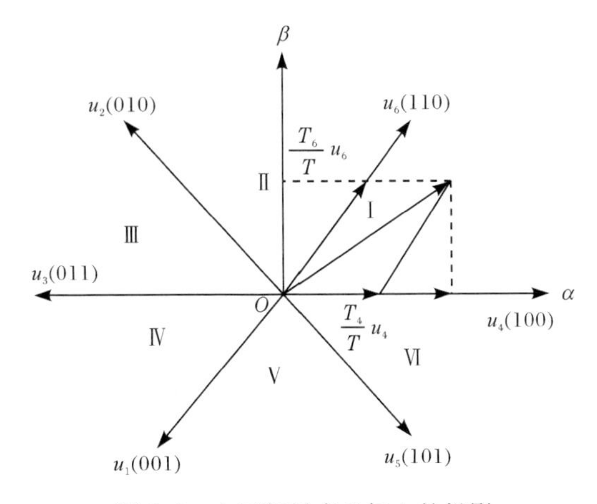

图 5.3　电压矢量在坐标上的投影

图 5.3 所示。其开关管的开关顺序主要依照以下原则进行:每一组开关管的上下只有一个能导通。相邻的两个状态发生变换时,开关管的状态只有一个开关管发生变化,由开关管的二进制表可以看出,某两个状态发生切换时值有一位会发生变化,这尽可能降低了开关的损耗,U_{out}可表示为

$$\int_{t}^{t+T} U_{\text{out}}\,\mathrm{d}t = T_1 U_x + T_2 U_{x\pm 60} \tag{5.14}$$

式中,T 为 PWM 周期。

$$U_{\text{out}} = \frac{T_1}{T} U_x + \frac{T_2}{T} U_{x\pm 60} + \frac{T_0}{T} U_{000(111)} \tag{5.15}$$

为了确定 T_1 和 T_2 的值则需要做以下分解变换,以 U_0、U_{60} 组成的扇区为例:

$$U_\alpha = \frac{T_1}{T} U_0 \frac{U_\beta}{\tan(90^\circ)} \tag{5.16}$$

$$U_\beta = \frac{T_2}{T} U_{60} \cos(30^\circ) \tag{5.17}$$

可查出 U_0 和 U_{60},参考式(5.16)和式(5.17)可计算出 U_α 和 U_β,这两个变量间相对作用时间为

$$t_1 = \frac{T_1}{T} = \frac{1}{2U_{\text{dc}}}(3U_\alpha - \sqrt{3}U_\beta) \tag{5.18}$$

$$t_2 = \frac{T_2}{T} = \frac{\sqrt{3}}{U_{\text{dc}}} U_\beta \tag{5.19}$$

同样可以得到,空间电压矢量在 U_{60} 和 U_{120} 之间的时候,采用上述同样方法,可得两个变量相对作用时间:

$$t_1 = \frac{T_1}{T} = \frac{1}{2U_{\text{dc}}}(-3U_\alpha + \sqrt{3}U_\beta) \tag{5.20}$$

$$t_2 = \frac{T_2}{T} = \frac{1}{2U_{\text{dc}}}(3U_\alpha + \sqrt{3}U_\beta) \tag{5.21}$$

分别设定三个变量,用 X、Y、Z 表示。令

$$X = \frac{\sqrt{3}}{2U_{\text{dc}}} U_\beta \tag{5.22}$$

$$Y = \frac{1}{2U_\alpha}(3U_\alpha + \sqrt{3}U_\beta) \tag{5.23}$$

$$Z = \frac{1}{2U_{\text{dc}}}(-3U_\alpha + \sqrt{3}U_\beta) \tag{5.24}$$

由式(5.15)和式(5.16)可知,U_{out} 在 U_0 和 U_{60} 所包围的空间里时,可以推导出 $t_1 = -Z, t_2 = X$。矢量 U_{out} 在空间矢量 U_{60} 和 U_{120} 所包围的空间里时,可以推导出 $t_1 = Z, t_2 = Y$。同样可以得到矢量 U_{out} 在其他四个基本空间矢量包围的空间里时,t_1、t_2 可用 X、Y、Z 来表示,相对作用时间和变量之间的关系如同表 5.1 关系。

表 5.1　t_1、t_2 与 X、Y、Z 的关系

扇区	U_0U_{60}	$U_{60}U_{120}$	$U_{120}U_{180}$	$U_{180}U_{240}$	$U_{240}U_{300}$	$U_{300}U_0$
t_1	$-Z$	Z	X	$-X$	$-Y$	Y
t_2	X	Y	$-Y$	Z	$-Z$	$-X$

由此来计算 t_1、t_2，那么必须首先要知道 U_{out} 所在扇区，下边 U_{out} 所在扇区进行推导。

一般采用 U_{out} 在 α 轴和 β 轴的分量 U_α、U_β 表示，把三个参考量 V_{ref1}、V_{ref2}、V_{ref3} 用 U_α 和 U_β 表示，其表达式为

$$V_{ref1} = U_\beta \tag{5.25}$$

$$V_{ref2} = \frac{-U_\beta + \sqrt{3}U_\alpha}{2} \tag{5.26}$$

$$V_{ref3} = \frac{-U_\beta - \sqrt{3}U_\alpha}{2} \tag{5.27}$$

若设定 U_β 等于 V_{ref1}，则变量在 V_{ref1}、V_{ref2} 和 V_{ref3} 所组成的坐标系比在两相静止的坐标系上超前 90°。即

$$\begin{cases} U_\alpha = \sin\omega t \\ U_\beta = \cos\omega t \\ V_{ref1} = \cos\omega t \\ V_{ref2} = \cos(\omega t - 120°) \\ V_{ref3} = \cos(\omega t + 120°) \end{cases} \tag{5.28}$$

根据式(5.28)，可据下边规则可以明确各扇区编号：

若 $V_{ref1} > 0$，那么 $X=1$，否则 $X=0$

若 $V_{ref2} > 0$，那么 $Y=1$，否则 $Y=0$

若 $V_{ref3} > 0$，那么 $Z=1$，否则 $Z=0$

设 $N=4Z+2Y+X$，则逆变器的状态改变之后，N 和扇区号之间的关系可如表 5.2 所示。

表 5.2　逆变器的状态改变后 N 和扇区号的关系

N	1	2	3	4	5	6
扇区数	1	5	0	3	2	4

如果给出电压空间矢量 U_{out} 或者已给出 U_{out} 在 α-β 坐标系上的 α 轴、β 轴上的两个分量 U_α、U_β，那么可以利用 U_{out} 来计算出 t_1 和 t_2 以及和周期 T 之间的比例关系。这两个关系在对应的扇区里做逆时针旋转运动，半个 PWM 周期里它们各自作用的时间为 t_1 和 t_2 的值。用 t_1 和 t_2 的值可推导零电压矢量的作用时间。

上边所得到的 t_1 和 t_2 以及零电压矢量作用时间是两相静止坐标系上计算出来的，要对开关管实施控制，必须将这些信息转变到三相静止坐标系下，这样就可以得到控制三组开关管的相对作用时间，具体实现方法如下：

$$\begin{cases} t_a = \dfrac{T-2t_1-2t_2}{4} \\ t_b = t_a + t_1 \\ t_c = t_b + t_2 \end{cases} \tag{5.29}$$

根据计算出的扇区号，再结合表 5.3 正确的服务周期值 $t_x(x=a,b,c)$ 分配响应 CMPRX($X=1,2,3$)。t_x 服务周期值如表 5.3 所示。

表 5.3　t_x 服务周期值的分配响应

扇区号	1	2	3	4	5	6
CMPR1	t_a	t_a	t_a	t_c	t_c	t_b
CMPR2	t_a	t_c	t_b	t_b	t_a	t_c
CMPR3	t_c	t_b	t_c	t_a	t_b	t_a

5.3.4　仿真及结果分析

仿真数据：用感应电机作为仿真的对象。基本参数：额定电压为 380V，额定频率为 50Hz，对极数 2 对，$R_s=0.435\Omega$，$L_{ls}=0.002\text{mH}$，$R_r=0.816\Omega$，$L_{lr}=0.002\text{mH}$，$L_m=0.069\text{mH}$，$J=0.19\text{kg}\cdot\text{m}^2$。逆变器的直流电源 510V，电机定子的绕组自感 $L_s=L_m+L_{ls}=(0.069+0.002)\text{mH}=0.071\text{mH}$，电机转子的绕组自感 $L_r=L_m+L_{lr}=(0.069+0.002)\text{mH}=0.071\text{mH}$；漏磁系数 $\sigma=1-L_m^2/(L_sL_r)=0.056$；转子时间常数 $T_r=L_r/R_r=0.071/0.816=0.087$。

由图 5.4 可以看出估算转速可以很好地跟随电机实际转速，也就达到了很好的辨识效果，由图 5.5 和图 5.6 可以看出，系统误差可以很好地得到收敛，验证了系统的稳定运行，说明设计的矢量控制系统是可行的。

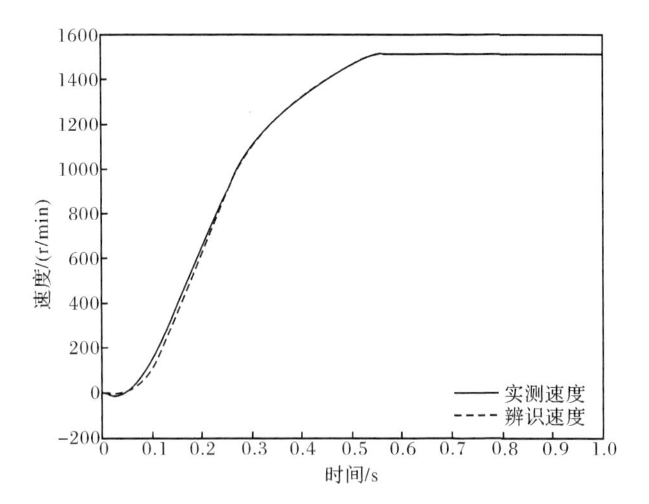

图 5.4　实际转速和估算转速

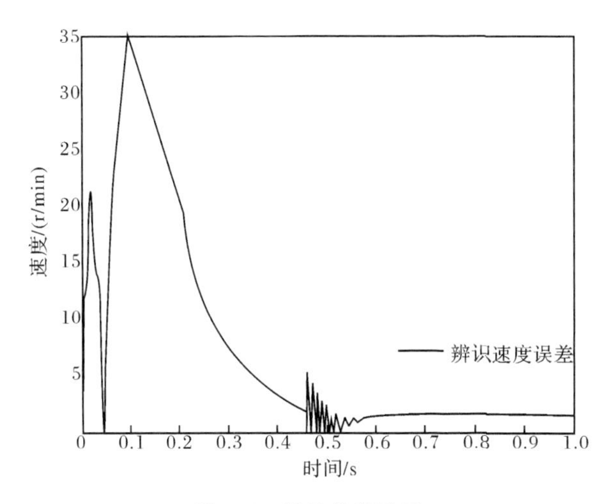

图 5.5　误差收敛波形

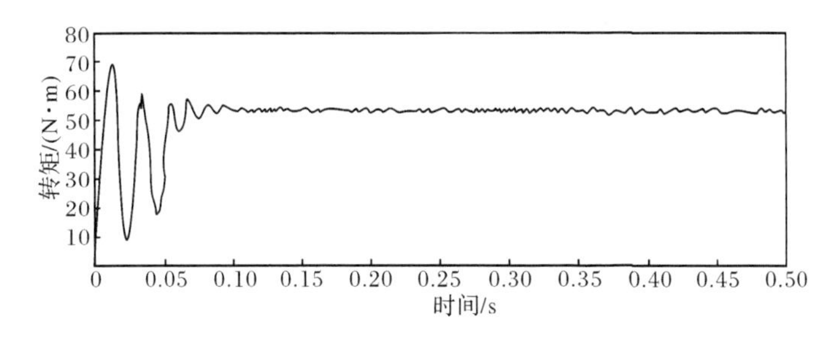

图 5.6　电动机转矩波形图

5.4 本章小结

本章介绍了基于MRAS的矢量控制系统,以第3章建立的全阶磁链观测器模型和速度获取方式为磁链观测和估算转速的具体操作方法,采用SVPWM控制技术对输出波形进行控制,经过逆变器实现对三相异步电动机的控制。在MATLAB的Simulink仿真平台上搭建各个模块的仿真图形,包括SVPWM、磁链观测、速度估算等模块,最后把各个模块连接起来,选用感应电机,对无速度传感器矢量控制系统进行仿真,观察电机运行过程中各参数的变化。由速度估算波形可以看出在电机运行过程中,不论是在低速区还是高速区,辨识转速都可以很好地跟随实际转速的变化,验证了本书设计的控制方法实现了两个模型在观测过程中的平滑切换。通过对电动机的运行状态进行仿真,可知此设计合理。

参考文献

[1] Hilairet M, Auger F, Berthelot E. Speed and rotor flux estimation of induction machines using a two-stage extended Kalman filter. Automatica,2009,45(8):1819-1827.

[2] Zaky M S,Khater M,Yasin H,et al. Very low speed and zero speed estimations of sensorless induction motordrives. Electric Power Systems Research,2010,80(2):143-151.

[3] 张伟. 无转速传感器异步电机矢量控制系统控制方法的研究. 杭州:浙江大学博士学位论文,2001.

[4] De Almeida Souza D, de Aragao Filho W C P, Sousa G C D. Adaptive fuzzy controller for efficiency optimization of induction motors. IEEE Transactions on Industrial Electronics, 2007,54(4):2157-2164.

[5] Cirrincione M,Pucci M. A MRAS-based sensorless high-performance induction motor drive with a predictive adaptive model. IEEE Transactions on Industrial Electronics,2005,52(2):532-551.

[6] Duran M J,Duran J L,Perez F,et al. Induction-motor sensorless vector control with online parameter estimation and overcurrent protection. IEEE Transactions on Industrial Electronics,2006,53(1):154-161.

[7] Paladugu A,Chowdhury B H. Sensorless control of inverter-fed induction motor drives. Electric Power Systems Research,2007,77(5):619-629.

[8] 浦志勇,黄立培,吴学智. 三相PWM整流器空间矢量控制简化算法的研究. 电工电能新技术,2002,21(2):56-59.

第6章　LCL滤波的PWM整流器拓扑结构和数学模型

6.1 引　　言

根据三相PWM整流器控制系统直流侧输出电压方式的不同，可以将PWM整流器控制系统分为三相电压型PWM整流器和三相电流型PWM整流器。在科研和电气工业应用中大多以性能优越的电压型PWM整流器为主。三相电压型PWM整流器控制系统拓扑结构的最突出特征是PWM整流器的直流侧电压输出端用电力电容来滤波和储蓄电能，使电压型PWM整流器的直流侧呈现电压源特性。本书是对基于LCL滤波的三相电压型PWM整流器进行研究。

6.2 LCL滤波的电压型PWM整流器拓扑结构

PWM整流器按直流储能形式可以分为电压型(VSR)和电流型(CSR)两类，这两类整流器电路对偶[1,2]，本书研究的是VSR基于LCL滤波的三相电压型PWM整流器拓扑结构如图6.1所示，其中e_a、e_b、e_c为星形连接的三相电源电压；L_f、R_f为网侧电感及其内阻；C_f为三个星形连接的交流侧滤波电容；L、R为整流器交流侧电感及其内阻；六个带反并联二极管的IGBT构成三相PWM整流开关电路；C_d为直流侧滤波电容；R_L为电阻性负载。LCL滤波器有星形连接和三角形

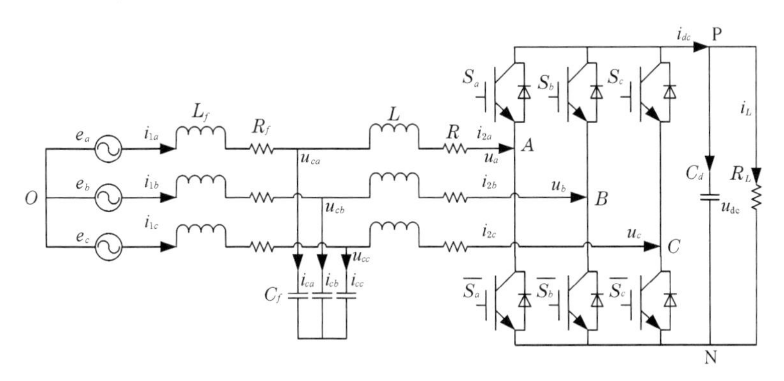

图6.1　基于LCL滤波的三相电压型PWM整流器拓扑结构

连接两种方法接入电网，图 6.1 采用的是星形连接方式。L_f、C_f、L 构成 LCL 滤波电路，L_f、C_f用于滤除高次谐波，L 除具有滤波作用外，还具有升压和能量交换功能。

6.3　LCL 滤波的三相电压型 PWM 整流器数学模型

根据 LCL 滤波的三相电压型 PWM 整流器拓扑结构，首先对单相 LCL 滤波器电路进行详细推导，式(6.1)～式(6.3)为其在连续静止坐标系下的数学模型[3]：

$$e(t) = R_f i_1(t) + L_f \frac{\mathrm{d}i_1(t)}{\mathrm{d}t} + u_c(t) \tag{6.1}$$

$$i_1(t) = i_2(t) + i_c(t) \tag{6.2}$$

$$u_c(t) = R i_2(t) + L \frac{\mathrm{d}i_2(t)}{\mathrm{d}t} + u(t) \tag{6.3}$$

式中，e、u_c、u 分别为电网电压、电容电压、整流器交流侧控制电压；i_1、i_2、i_c分别为网侧电流、整流器交流侧电流和交流侧滤波电容支路电流。

由式(6.1)～式(6.3)及单电感滤波的 PWM 整流器数学模型，可以推导出在电网电压平衡的情况下 LCL 滤波的三相电压型 PWM 整流器开关函数数学模型：

$$R_f i_1(t) + L_f \frac{\mathrm{d}i_1(t)}{\mathrm{d}t} + L \frac{\mathrm{d}i_2(t)}{\mathrm{d}t} + R i_2(t) = e(t) - [u_{\mathrm{dc}}(t) s_k(t) + u_{N0}(t)] \tag{6.4}$$

$$i_1(t) = i_2(t) + C_f \frac{\mathrm{d}u_c(t)}{\mathrm{d}t} \tag{6.5}$$

$$C_d \frac{\mathrm{d}u_{\mathrm{dc}}(t)}{\mathrm{d}t} = \sum_{k=a,b,c} i_k(t) s_k(t) - \frac{u_{\mathrm{dc}}(t)}{R_L} \tag{6.6}$$

$$u_{N0}(t) = -\frac{u_{\mathrm{dc}}(t)}{3} \sum_{k=a,b,c} s_k(t) \tag{6.7}$$

式(6.4)～式(6.7)中，u_{dc}、R_L、C_d分别为整流器直流侧电压、负载电阻、直流侧滤波电容；$s_k(k=a,b,c)$为 IGBT 的开关函数。$s_k=0$ 时，下桥臂 IGBT 导通，上桥臂 IGBT 关断；$s_k=1$ 时，上桥臂 IGBT 导通，下桥臂 IGBT 关断。

6.3.1　*a-b-c* 坐标系下的数学模型

根据图 6.1 中所示的拓扑结构，也可以把单相支路的数学模型表示为

$$\begin{cases} u(t)=Ri(t)+L\dfrac{\mathrm{d}i(t)}{\mathrm{d}t}+u_c(t) \\ i(t)=i_f(t)+C_f\dfrac{\mathrm{d}u_c(t)}{\mathrm{d}t} \\ u_c=R_f i_f(t)+L_f\dfrac{\mathrm{d}i_f}{\mathrm{d}t}+e(t) \end{cases} \tag{6.8}$$

由式(6.8)可以得到三相电路的数学模型：

$$\frac{\mathrm{d}}{\mathrm{d}t}\begin{bmatrix} i_a(t) \\ i_b(t) \\ i_c(t) \\ i_{fa}(t) \\ i_{fb}(t) \\ i_{fc}(t) \\ u_{ca}(t) \\ u_{cb}(t) \\ u_{cc}(t) \end{bmatrix}=A\begin{bmatrix} i_a(t) \\ i_b(t) \\ i_c(t) \\ i_{fa}(t) \\ i_{fb}(t) \\ i_{fc}(t) \\ u_{ca}(t) \\ u_{cb}(t) \\ u_{cc}(t) \end{bmatrix}+B\begin{bmatrix} u_a(t) \\ u_b(t) \\ u_c(t) \\ e_a(t) \\ e_b(t) \\ e_c(t) \end{bmatrix} \tag{6.9}$$

$$A=\begin{bmatrix} -\dfrac{R}{L} & 0 & 0 & 0 & 0 & 0 & -\dfrac{1}{L} & 0 & 0 \\ 0 & -\dfrac{R}{L} & 0 & 0 & 0 & 0 & 0 & -\dfrac{1}{L} & 0 \\ 0 & 0 & -\dfrac{R}{L} & 0 & 0 & 0 & 0 & 0 & -\dfrac{1}{L} \\ 0 & 0 & 0 & -\dfrac{R_f}{L_f} & 0 & 0 & \dfrac{1}{L_f} & 0 & 0 \\ 0 & 0 & 0 & 0 & -\dfrac{R_f}{L_f} & 0 & 0 & \dfrac{1}{L_f} & 0 \\ 0 & 0 & 0 & 0 & 0 & -\dfrac{R_f}{L_f} & 0 & 0 & \dfrac{1}{L_f} \\ \dfrac{1}{C_f} & 0 & 0 & -\dfrac{1}{C_f} & 0 & 0 & 0 & 0 & 0 \\ 0 & \dfrac{1}{C_f} & 0 & 0 & -\dfrac{1}{C_f} & 0 & 0 & 0 & 0 \\ 0 & 0 & \dfrac{1}{C_f} & 0 & 0 & -\dfrac{1}{C_f} & 0 & 0 & 0 \end{bmatrix} \tag{6.10}$$

$$B=\begin{bmatrix} \frac{1}{L} & 0 & 0 & 0 & 0 & 0 \\ 0 & \frac{1}{L} & 0 & 0 & 0 & 0 \\ 0 & 0 & \frac{1}{L} & 0 & 0 & 0 \\ 0 & 0 & 0 & -\frac{1}{L_f} & 0 & 0 \\ 0 & 0 & 0 & 0 & -\frac{1}{L_f} & 0 \\ 0 & 0 & 0 & 0 & 0 & -\frac{1}{L_f} \\ 0 & 0 & 0 & 0 & 0 & 0 \\ 0 & 0 & 0 & 0 & 0 & 0 \\ 0 & 0 & 0 & 0 & 0 & 0 \end{bmatrix} \tag{6.11}$$

6.3.2 α-β 坐标系下的数学模型

应用坐标变换的原理，可以把 a-b-c 坐标系下的三相系统变换到 α-β 坐标系下的两相系统。图 6.2 表示了 a-b-c 坐标系与 α-β 坐标系之间的位置关系。

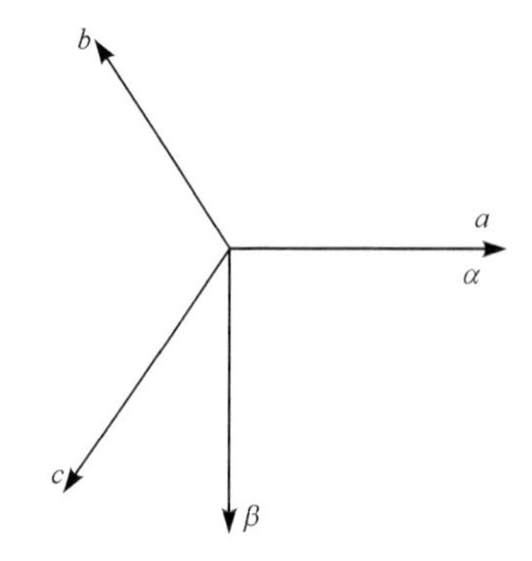

图 6.2　a-b-c 坐标系与 α-β 坐标系

由于坐标变换不会影响功率大小，可以把 Clark 变换矩阵 C_{32} 取为

$$C_{32}=\sqrt{\frac{2}{3}}\begin{bmatrix} 1 & -\frac{1}{2} & -\frac{1}{2} \\ 0 & \frac{\sqrt{3}}{2} & -\frac{\sqrt{3}}{2} \end{bmatrix} \tag{6.12}$$

对式(6.9)～式(6.11)进行 Clark 变换，可以得到 α-β 坐标系下的数学模型[4,5]：

$$\frac{\mathrm{d}}{\mathrm{d}t}\begin{bmatrix} i_\alpha(t) \\ i_\beta(t) \\ i_{f\alpha}(t) \\ i_{f\beta}(t) \\ u_{c\alpha}(t) \\ u_{c\beta}(t) \end{bmatrix} = A\begin{bmatrix} i_\alpha(t) \\ i_\beta(t) \\ i_{f\alpha}(t) \\ i_{f\beta}(t) \\ u_{c\alpha}(t) \\ u_{c\beta}(t) \end{bmatrix} + B\begin{bmatrix} u_\alpha(t) \\ u_\beta(t) \\ e_\alpha(t) \\ e_\beta(t) \end{bmatrix} \tag{6.13}$$

$$A=\begin{bmatrix} -\frac{R}{L} & 0 & 0 & 0 & -\frac{1}{L} & 0 \\ 0 & -\frac{R}{L} & 0 & 0 & 0 & -\frac{1}{L} \\ 0 & 0 & -\frac{R_f}{L_f} & 0 & -\frac{1}{L_f} & 0 \\ 0 & 0 & 0 & -\frac{R_f}{L_f} & 0 & -\frac{1}{L_f} \\ \frac{1}{C_f} & 0 & -\frac{1}{C_f} & 0 & 0 & 0 \\ 0 & \frac{1}{C_f} & 0 & -\frac{1}{C_f} & 0 & 0 \end{bmatrix} \tag{6.14}$$

$$B=\begin{bmatrix} \frac{1}{L} & 0 & 0 & 0 \\ 0 & \frac{1}{L} & 0 & 0 \\ 0 & 0 & -\frac{1}{L_f} & 0 \\ 0 & 0 & 0 & -\frac{1}{L_f} \\ 0 & 0 & 0 & 0 \\ 0 & 0 & 0 & 0 \end{bmatrix} \tag{6.15}$$

在式(6.13)中，e_α、e_β是电网电动势α、β分量；u_α、u_β是交流侧输出电压的α、β分量；i_α、i_β是交流电流的α、β分量；$i_{f\alpha}$、$i_{f\beta}$是交流电流矢量的α、β分量；$u_{c\alpha}$、$u_{c\beta}$是交流侧电容电压矢量的α、β分量。

式(6.13)～式(6.15)还可以变化为

$$\begin{cases}\begin{bmatrix}u_\alpha\\u_\beta\end{bmatrix}-\begin{bmatrix}u_{c\alpha}\\u_{c\beta}\end{bmatrix}=\begin{bmatrix}Ls+R&0\\0&Ls+R\end{bmatrix}\begin{bmatrix}i_\alpha\\i_\beta\end{bmatrix}\\\begin{bmatrix}u_{c\alpha}\\u_{c\beta}\end{bmatrix}-\begin{bmatrix}e_\alpha\\e_\beta\end{bmatrix}=\begin{bmatrix}L_fs+R_f&0\\0&L_fs+R_f\end{bmatrix}\begin{bmatrix}i_{f\alpha}\\i_{f\beta}\end{bmatrix}\\\begin{bmatrix}i_\alpha\\i_\beta\end{bmatrix}-\begin{bmatrix}i_{f\alpha}\\i_{f\beta}\end{bmatrix}=C_f\begin{bmatrix}s&0\\0&s\end{bmatrix}\begin{bmatrix}u_{c\alpha}\\u_{c\beta}\end{bmatrix}\end{cases}\tag{6.16}$$

$$\begin{bmatrix}i_\alpha\\i_\beta\end{bmatrix}=C_{32}\begin{bmatrix}i_a\\i_b\\i_c\end{bmatrix}\tag{6.17}$$

$$\begin{bmatrix}e_\alpha\\e_\beta\end{bmatrix}=C_{32}\begin{bmatrix}e_a\\e_b\\e_c\end{bmatrix}\tag{6.18}$$

$$\begin{bmatrix}u_\alpha\\u_\beta\end{bmatrix}=C_{32}\begin{bmatrix}u_a\\u_b\\u_c\end{bmatrix}=\begin{bmatrix}s_\alpha\\s_\beta\end{bmatrix}u_{\mathrm{dc}}\tag{6.19}$$

由式(6.16)～式(6.19)可以得出 LCL 滤波的三相电压型 PWM 整流器在 α-β 坐标系下的数学模型框图，如图 6.3 所示。通过对比可以看出 α、β 轴没有耦合，所以在实际工业应用中分别控制 α 和 β 轴电流就可以实现 LCL 滤波的三相电压型 PWM 整流器的良好控制。

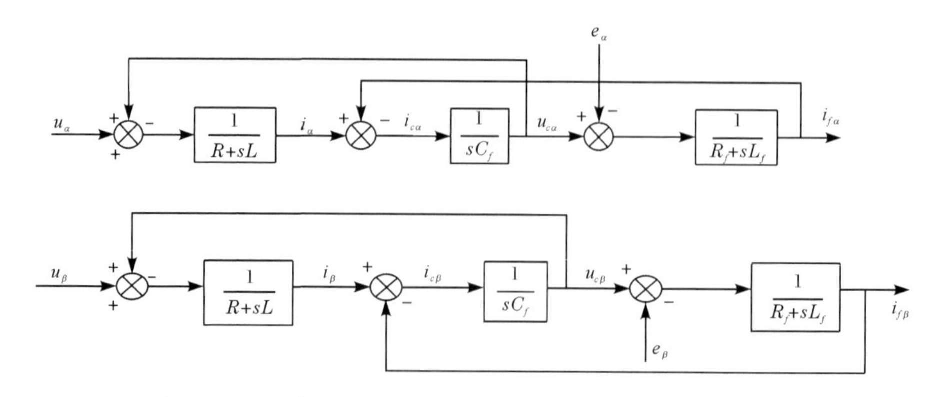

图 6.3　LCL 滤波的 PWM 整流器在 α-β 坐标系下数学模型框图

6.3.3　*d-q* 坐标系下的数学模型

三相电压型 PWM 整流器在 a-b-c 坐标系下的数学模型中，由于交流量为时变量，给系统的控制带来了很多不便。把 a-b-c 坐标系下的数学模型转化成 α-β 坐标系下的数学模型，这样就能把交流量转换为直流量，从而简化了控制系统的设计。

a-b-c 坐标系下，定义 e、i 为三相电网电动势矢量和三相电网电流矢量。电动势矢量 e 以基波频率 ω 进行逆时针的旋转。为了简化分析，让 d-q 坐标系中的 d 轴与电动势矢量 e 同轴。d 轴根据矢量 e 进行定向，其电流分量 i_d 与 e 重合，从而成为有功电流。q 轴比 d 轴超前 90°相位角，此方向的电流矢量 i_q 是无功电流。由图 6.4 可以看出，a-b-c 坐标系、α-β 坐标系、d-q 坐标系之间的位置关系，其中，d-q 坐标系以角速度 ω 逆时针进行旋转。

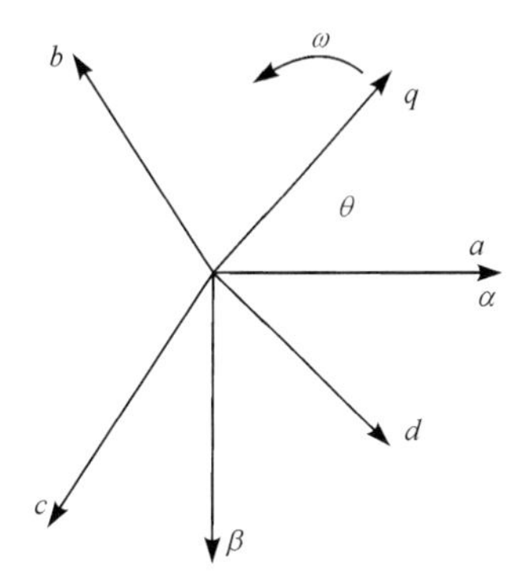

图 6.4 三相 a-b-c 坐标系、两相 α-β 坐标系、旋转 d-q 坐标系

通过 Park 同步旋转坐标系变换，可由 α-β 坐标系下的数学模型转换到 d-q 坐标系下的数学模型。变换矩阵为

$$C_{dq/\alpha\beta}=\begin{bmatrix}\cos\theta & \sin\theta \\ -\sin\theta & \cos\theta\end{bmatrix} \tag{6.20}$$

式中，$\theta=\omega t$ 为坐标系转过的角度。

d-q 坐标系到 α-β 坐标系的反旋转坐标变换为

$$C_{\alpha\beta/dq}=\begin{bmatrix}\cos\theta & -\sin\theta \\ \sin\theta & \cos\theta\end{bmatrix} \tag{6.21}$$

通过对式(6.13)～式(6.15)进行旋转坐标变换，得到 LCL 滤波的 PWM 整流器在 d-q 坐标系下的数学模型[6-8]：

$$\frac{\mathrm{d}}{\mathrm{d}t}\begin{bmatrix}i_d(t)\\ i_q(t)\\ i_{fd}(t)\\ i_{fq}(t)\\ u_{cd}(t)\\ u_{cq}(t)\end{bmatrix}=A\begin{bmatrix}i_d(t)\\ i_q(t)\\ i_{fd}(t)\\ i_{fq}(t)\\ u_{cd}(t)\\ u_{cq}(t)\end{bmatrix}+B\begin{bmatrix}u_d(t)\\ u_q(t)\\ e_d(t)\\ e_q(t)\end{bmatrix} \tag{6.22}$$

$$A=\begin{bmatrix} -\frac{R}{L} & \omega & 0 & 0 & -\frac{1}{L} & 0 \\ -\omega & -\frac{R}{L} & 0 & 0 & 0 & -\frac{1}{L} \\ 0 & 0 & -\frac{R_f}{L_f} & \omega & -\frac{1}{L_f} & 0 \\ 0 & 0 & -\omega & -\frac{R_f}{L_f} & 0 & -\frac{1}{L_f} \\ \frac{1}{C_f} & 0 & -\frac{1}{C_f} & 0 & 0 & \omega \\ 0 & \frac{1}{C_f} & 0 & -\frac{1}{C_f} & -\omega & 0 \end{bmatrix} \tag{6.23}$$

$$B=\begin{bmatrix} \frac{1}{L} & 0 & 0 & 0 \\ 0 & \frac{1}{L} & 0 & 0 \\ 0 & 0 & -\frac{1}{L_f} & 0 \\ 0 & 0 & 0 & -\frac{1}{L_f} \\ 0 & 0 & 0 & 0 \\ 0 & 0 & 0 & 0 \end{bmatrix} \tag{6.24}$$

式(6.22)～式(6.24)还可以写成式(6.25)～式(6.27)的形式：

$$\begin{cases} \begin{bmatrix} u_d \\ u_q \end{bmatrix}-\begin{bmatrix} u_{cd} \\ u_{cq} \end{bmatrix}=\begin{bmatrix} Ls+R & -\omega L \\ \omega L & Ls+R \end{bmatrix}\begin{bmatrix} i_d \\ i_q \end{bmatrix} \\ \begin{bmatrix} u_{cd} \\ u_{cq} \end{bmatrix}-\begin{bmatrix} e_d \\ e_q \end{bmatrix}=\begin{bmatrix} L_fS+R_f & -\omega L_f \\ \omega L_f & L_fS+R_f \end{bmatrix}\begin{bmatrix} i_{fd} \\ i_{fq} \end{bmatrix} \\ \begin{bmatrix} i_d \\ i_q \end{bmatrix}-\begin{bmatrix} i_{fd} \\ i_{fq} \end{bmatrix}=C_f\begin{bmatrix} s & -\omega \\ \omega & s \end{bmatrix}\begin{bmatrix} u_{cd} \\ u_{cq} \end{bmatrix} \end{cases} \tag{6.25}$$

$$\begin{bmatrix} i_d \\ i_q \end{bmatrix}=C_{dq/\alpha\beta}\begin{bmatrix} i_\alpha \\ i_\beta \end{bmatrix} \tag{6.26}$$

$$\begin{bmatrix} u_d \\ u_q \end{bmatrix}=C_{dq/\alpha\beta}\begin{bmatrix} u_\alpha \\ u_\beta \end{bmatrix} \tag{6.27}$$

可以由式(6.25)～式(6.27)得到 LCL 滤波器的结构模型，如图 6.5 所示。让网侧电流和电网电源电压保持同相位，可以得到合适的控制矢量。分析图 6.5 得知，d、q 轴之间的电流存在耦合现象，i_d 和 i_q 两者之间有 ωL，i_{fd} 和 i_{fq} 两者之间有 ωL_f，u_{cd} 和 u_{cq} 两者之间有 ωC_f，它们之间的耦合情况非常复杂。所以，基于 LCL

滤波的三相电压型 PWM 整流器是三阶、非线性、强耦合、多变量的控制系统[9]。

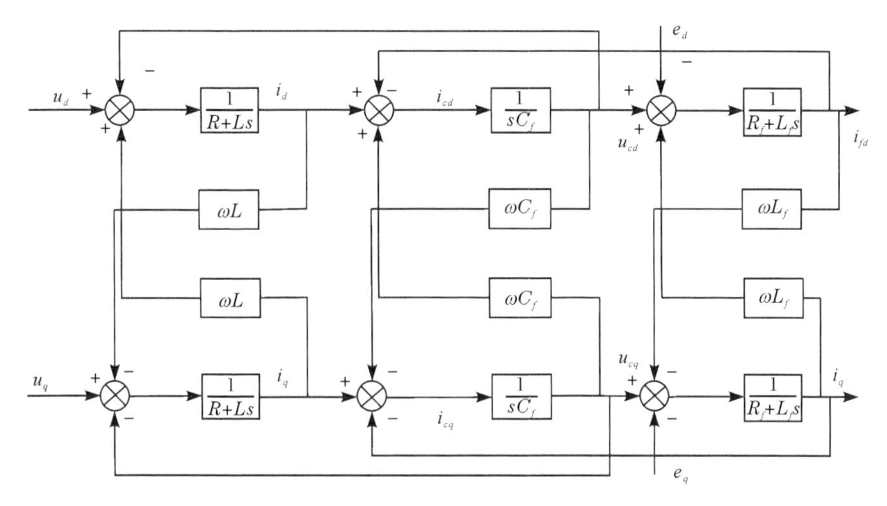

图 6.5　LCL 滤波的三相 PWM 整流器 d-q 坐标系数学模型框图

6.4　LCL 滤波器阻尼方法研究

LCL 滤波器可以由较小的电感电容值来达到较好的滤波效果，可以有效地抑制进网电流的高次谐波，同时电感还可以起到抑制电流冲击的作用，不但使系统具有很好的动态性能，而且造价低和体积小。LCL 滤波器与单电感 L 滤波器相比，控制系统由一阶变为三阶，参数选择设计更加复杂。由于选择网侧电感、支路电容和交流侧电感的参数对获得较好的滤波性能和电流响应特性都有重要影响，所以滤波器参数设计成为了研究的热点[10-12]。虽然 LCL 滤波器对高次谐波有着非常好的滤波性能，但是滤波器存在谐振现象，会对控制系统的稳定性造成很大干扰。为了解决此问题，所以现在对 LCL 滤波器阻尼方法的研究也成了热点。

LCL 滤波器可以用较小的电感值来滤除三相电压型 PWM 整流器产生的高次的谐波。但是由于交流侧支路滤波电容的存在，会产生一定的分流效果，使得系统从一阶系统成为了三阶系统，进而增加了控制的难度，而且在一些频率的高次谐波下就会出现谐振，对系统的稳态性能造成很大影响。在工业实际应用中通常会采用增加阻尼的办法来抑制谐振的发生。

阻尼的方法主要可以分成两种：第一是无源阻尼法。这种方法控制起来比较可靠，在工业领域中应用起来也比较简单易行。它是并联或串联阻尼电阻到交流侧支路滤波电容两端，但是也会相应的加大系统在这方面的损耗，尤其是在中大功率的实际应用场合中，增加阻尼电阻带来的损耗就会更大，所以这种方法有很大局限性。第二是有源阻尼的方法。它是通过控制算法对系统进行修正,从而让系统稳定运行。此方法需要增加电压或电流传感器,相应地加大了控制的难度,不过它能够降低如增加电阻带来的能量损失,因而它相对于无源阻尼法具有很大优势。后来有学者先后提出了各种有源阻尼的算法。

6.4.1 LCL 滤波器无源阻尼方法

无源阻尼法是和滤波电容并联或串联一个阻尼电阻,通过这种增加阻尼电阻的方法,从而可以有效地对谐振现象进行抑制。

在没有对滤波电容增加阻尼电阻的情况下,三相电压型 PWM 整流器的输入电压 u_r 和网侧的相电流 i_2 在静止坐标系下的关系表达式如式(6.28)所示:

$$G_2(s)=\frac{i_2(s)}{u_r(s)}=\frac{-(L_fC_fs^2+1)}{LL_fC_fs^3+(L+L_f)s} \tag{6.28}$$

如果串联一个阻尼电阻 R_d 在滤波电容的两端,那么可以得到式(6.29),三相电压型 PWM 整流器的输入电压 u_r 和网侧的相电流 i_2 在静止坐标系下的关系:

$$G_{2d1}(s)=\frac{i_2(s)}{u_r(s)}=\frac{-(L_fC_fs^2+R_dC_fs+1)}{LL_fC_fs^3+(L+L_f)R_dC_fs^2+(L+L_f)s} \tag{6.29}$$

如果并联一个阻尼电阻 R_d 在滤波电容的两端,那么可以得到式(6.30),三相电压型 PWM 整流器的输入电压 u_r 和网侧的相电流在静止的坐标系下的关系:

$$G_{2d2}(s)=\frac{i_2(s)}{u_r(s)}=\frac{-(L_fC_fR_ds^2+L_fs+R_d)}{LL_fC_fR_ds^3+LL_fs^2+(L+L_f)R_ds} \tag{6.30}$$

无源阻尼法是在 LCL 滤波器中的电容支路串联或并联电阻而达到抑制谐振的目的,特点是控制简单,不需要改变原来的控制策略,稳定可靠,但是电路中的阻尼电阻会使控制系统的电能损失加大,在中大功率工业系统中受到很大限制。

6.4.2 LCL 滤波器有源阻尼方法

有科研工作者提出了一种不需要增加阻尼电阻就能达到对谐振进行很好抑制的方法即"超前-滞后"有源阻尼控制方法,这种方法还可以在不对系统造成损耗的同时减少电流波形的畸变率[13,14]。但是此方法有一定缺点,那就是参数的选择非常复杂,应用起来比较困难。因此有文献中提到一种方法,它是通过遗传算法来设计 LCL 滤波器的元件参数,不用增加额外的电压或电流传感器[15]。这是一种有效的有源阻尼方法,但是计算量很大,对控制器要求非常高。另外,还有文献中阐述了虚拟电阻的思想,该方法不但能代替电路中的电阻来消除谐振,还没有能量损耗,可以提高 PWM 整流器控制系统的效率[16]。

图 6.6 是电容串联虚拟电阻时滤波器的结构框图,我们可以从图 6.6 中看出,结构和常见的双闭环控制有很大差别,串联虚拟电阻的控制方法是通过反馈交流

侧支路电容的电流来实现的。首先是通过在前端加入的电流传感器去检测支路滤波电容的电流，把积分结果乘以一个常数，然后输入到电网的电流侧。图 6.6 是电容并联虚拟电阻时滤波器的结构框图。并联虚拟电阻的控制方法是通过电压传感器来测量电容两端的电压，经过一个比例调节器，把最终的结果与 PWM 整流器的电流参考值相加，这是一种根据反馈电容的电压来实现对电流的谐振进行抑制的方式，如图 6.7 所示。

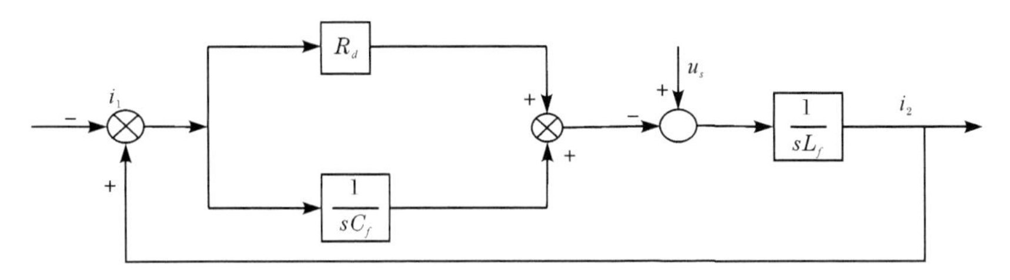

图 6.6　电容串联虚拟电阻时滤波器框图

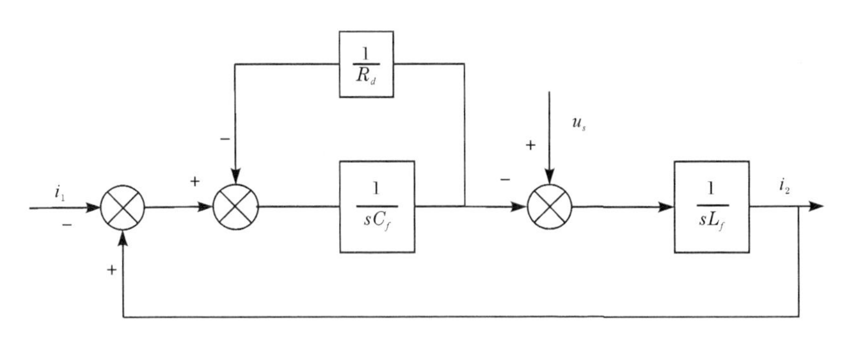

图 6.7　电容并联虚拟电阻滤波器框图

目前的中小功率系统工业应用中通常都是在 LCL 滤波器中的滤波电容两端增加阻尼电阻的方法来抑制 PWM 整流器控制系统产生的谐振，这种方法操作起来比较容易，在大多数的实际工业应用中，通常都是把滤波电容串联一个阻尼电阻来实现抑制谐振的目的。但是在大功率系统中，若采用无源阻尼法，由于增加了阻尼电阻，损耗较大，有时还需要装配专门的散热装置，所以大多采用有源阻尼法来抑制谐振。有源阻尼的方法用控制算法代替了阻尼电阻的作用，使得系统的控制性能得到了提高，但是由于算法的设计比较困难，控制的复杂性大大增加，在实际应用中还会使传感器的数目增多，可靠性也会降低，因此有源阻尼法的应用也受到了限制。

6.5 本章小结

本章首先分析了LCL滤波的三相电压型PWM整流器拓扑结构，分别建立了在*a-b-c*坐标系下、*α-β*坐标系下和*d-q*坐标系下的数学模型，并进行了分析。其次对LCL滤波器的性能、各个参数设计方法和阻尼方法进行了详细的介绍。

参考文献

[1] Escobar G, Stankovic A M, Carrasco J M, et al. Analysis and design of direct power control (DPC) for a three phase synchronous rectifier via output regulation subspaces. IEEE Transactions on Power Electronics, 2003, 18(3): 823-830.

[2] 王久和，李华德，王立明. 电压型PWM整流器直接功率控制系统. 中国电机工程学报，2006，26(18)：54-60.

[3] Liserre M, Blaabjerg F, Hansen S. Design and control of an LCL-filter-based three-phase active rectifier. IEEE Transactions on Industry Applications, 2005, 41(5): 1281-1291

[4] Akagi H, Tsukamoto Y, Nabae A. Analysis and design of an active power filter quad-series voltage source PWM converters. IEEE Transactions on Industrial Electronics, 1990, 26(1): 93-98.

[5] Barros J, Diego R I. A new method for measurement of harmonic groups in power systems using wavelet analysis in the IEC standard framework. Electric Power Systems Research, 2006, 76(4): 200-208.

[6] Salmerón P, Herrera R S, Vázquez J R. A new approach for three-phase loads compensation based on the instantaneous reactive power theory. Electric Power Systems Research, 2008, 78(4): 605-617.

[7] Larrinaga S A, Vidal M A R, Oyarbide E, et al. Predictive control strategy for DC/AC converters based on direct power control. IEEE Transactions on Industrial Electronics, 2007, 54(3): 1261-1271.

[8] Jalili K, Bernet S. Design of filters of active-front-end two-level voltage-source converters. IEEE Transactions on Industrial Electronics, 2009, 56(5): 1674-1689.

[9] 王要强. 阻尼损耗最小化的LCL滤波器参数优化设计. 中国电机工程学报，2010，30(27)：90-95.

[10] Lee D C. Advanced nonlinear control of three-phase PWM rectifiers. IEE Proceedings on Electric Power Applications, 2000, 147(5): 361-366.

[11] 黄宇淇. LCL滤波器在三相PWM整流器中的应用. 电力自动化设备，2008，28(12)：110-113.

[12] Kim D E, Lee D C. Feedback linearization control of grid-interactive PWM converters with

LCL filters. Journal of Power Electronics,2009,9(2):288-299.

[13] Blasko V,Kaura V. A novel control to actively damp resonance in input LC filter of a three-phase voltage source converter. IEEE Transactions on Industry Application,1997,33(2):542-550.

[14] Liserre M,Teodorescu R,Blaabjerg F. Stability of photovoltaic and wind turbine grid-connected inverters for a large set of grid impedance values. IEEE Transactions on Power Electronics,2006,21(1):263-272.

[15] Liserre M,Aquila A D,Blaabjerg F. Genetic algorithm based design of the active dam ping for an LCL filter three phase active rectifier. IEEE Transactions on Power Electronics,2004,19(1):76-86.

[16] 张宪平,林资旭,李亚西,等. LCL 滤波的 PWM 整流器新型控制策略. 电工技术学报,2007,22(2):74-77.

第7章 基于粒子群算法的 LCL 滤波器参数设计

7.1 引　言

LCL 滤波器对系统的设计相当重要，滤波器参数的选取是设计系统的主要问题，选取参数，要避免 LCL 滤波器固有的谐振点和输出无功问题，从而保证系统的稳定性。如果参数选取不合适，可能会使网侧电流畸变情况严重，导致谐振，甚至烧毁装置。当前，LCL 滤波器参数的设计方法有许多种，学术界还没有一个统一的标准认识，根据系统应用场合以及并网谐波要求的不同，LCL 滤波器参数设计的方法以及侧重点也不一样，但是大体上都要遵循以下原则：

(1) LCL 滤波器的电感和电容容量要能在电网额定条件下正常工作，并能保留一定余量，确保设备安全。

(2) 设计参数要考虑基波频率和开关频率，使滤波器有一定带宽，让电网基波分量顺利通过，还要使滤波器能消除开关动作带来的高次谐波和电网固有的谐波。

(3) 滤波器的设计要根据应用场合的不同满足系统的动态性能、并网谐波电流和无功功率的限制。

(4) 尽量在保证系统性能的前提下，让电感和电容值最小，减小设备体积，节约成本。

7.2 LCL 滤波器的参数设计原则

由于开关器件工作在高频条件下，因而系统中的 LCL 滤波器属于低通，滤除系统的高频次的开关谐波。LCL 滤波器参数的设计工作复杂，并不能仅仅依靠一个不等式，去确定参数的选择，正确的方法是先确定参数的大致取值的范围，然后对各个参数选择一个初始值，接着根据适应度函数调节每个参数，得到最优值。如果设计不合理，既达不到理想的滤波效果，又会使网侧电流畸变，使系统性能变差[1]。

LCL 滤波器参数选择需要满足的限制条件如 6.4.2 节所述。

滤波电容 C_f。滤波电容 C_f受功率因数的影响，如果太大就会降低功率因数。

当系统功率因数大于等于 $\cos\varphi$ 时，$Q/P\leqslant\tan\varphi$，则有

$$\frac{3E_s^2\omega_1 C_f}{P}\leqslant\tan\varphi \tag{7.1}$$

式中，P、Q 分别是网侧有功和无功功率；E_s 是电网相电压有效值；ω_1 为网侧基波频率，可以得出滤波电容需要满足的条件为

$$C_f\leqslant\frac{P\tan\varphi}{3E_s^2\omega_1} \tag{7.2}$$

总电感量 L_T。LCL 滤波器总电感 L_T 的取值范围是

$$L_T\leqslant\frac{\sqrt{(MU_{\text{dc}})^2-E_{sm}^2}}{\omega_1 I_m} \tag{7.3}$$

谐振频率 f_{res}。由于 PWM 整流器交流侧输出电压频谱中含有高频谐波和低频谐波。为避免在这两个频段发生谐振现象，要在两者中间设置谐振频率，通常取在基波频率的 10 倍和开关频率的一半之间：

$$10f_1<f_{\text{res}}=\frac{1}{2\pi}\sqrt{\frac{L_g+L_r}{L_gL_rC_f}}<\frac{1}{2}f_{sw} \tag{7.4}$$

阻尼电阻 R_d。我们根据上面分析可以得到，通过设置一个阻尼电阻的方法就能避免让 LCL 滤波器产生谐振。如果 R_d 取值过大，会加大系统的损耗；减小 R_d，则在减少损耗的同时会削弱滤波效果，影响了系统的稳定性。所以，通常把 R_d 取在谐振点的容抗 $1/\omega_{\text{res}}C_f$ 的 1/3 左右。

LCL 滤波器模型不同于纯电感滤波器，它是一个三阶模型，如果参数选取不当，就会对系统造成影响。下面对单相 LCL 滤波的 PWM 整流器结构进行分析，LCL 滤波器单相拓扑结构如图 7.1 所示。

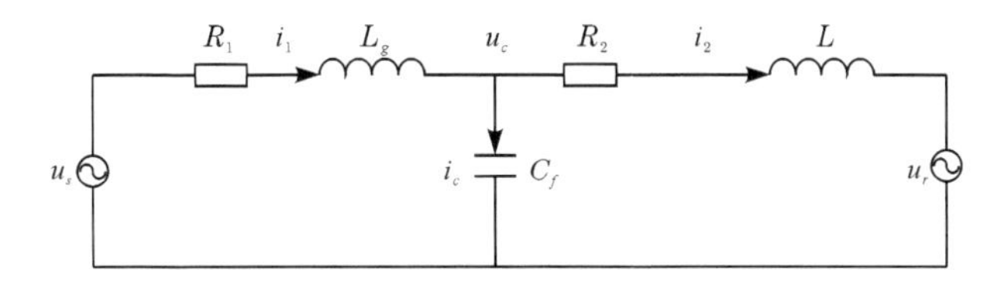

图 7.1 LCL 滤波器单相拓扑结构

可以得到 LCL 滤波器在连续静止坐标系下的数学模型为

$$u_s=R_1 i_1(t)+L_g\frac{\mathrm{d}i_1}{\mathrm{d}t}+u_c(t) \tag{7.5}$$

$$u_c(t)=R_2 i_2(t)+L\frac{\mathrm{d}i_2}{\mathrm{d}t}+u_r(t) \tag{7.6}$$

$$i_c=i_1-i_2=C_f\frac{\mathrm{d}u_c(t)}{\mathrm{d}t} \tag{7.7}$$

式中，u_s、u_c、u_r 分别是电网电压、电容电压和整流器侧控制电压；i_1、i_c、i_2 分别是网

侧电流、电容电流和整流器侧电流。

根据式(7.5)～式(7.7),可以得到图7.2所示的LCL滤波器的模型框图。

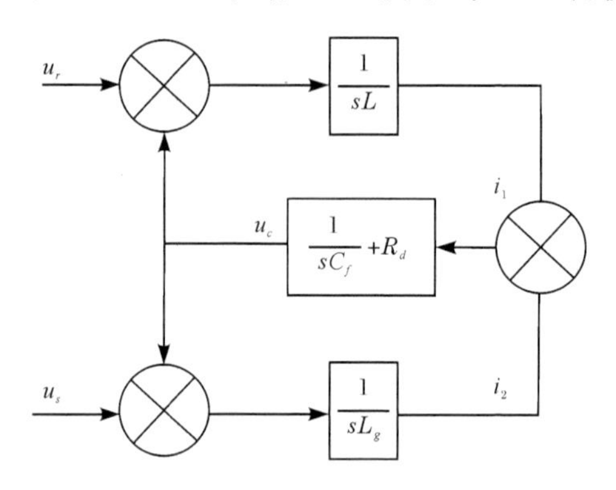

图 7.2　LCL 滤波器模型框图

网侧电流 i_1 与整流器控制电压 u_r 函数关系式为(电阻 R_1、R_2 相对感抗较小,分析中忽略不计)

$$G_1(s)=\frac{i_1(s)}{u_r(s)}=\frac{1}{LL_gC_fs^3+(L+L_g)s} \tag{7.8}$$

在纯电感 L_T 滤波的整流器拓扑中,网侧电流 i_T 和控制电压 u_L 的函数关系为

$$G_T(s)=\frac{i_T(s)}{u_L(s)}=\frac{1}{L_Ts} \tag{7.9}$$

为说明问题,令 $L_T=L_1+L_2$,用MATLAB画出它们的幅频图,如图7.3所示。其中参数的取值为 $L_g=1.3\text{mH}$,$L=6.5\text{mH}$,$C_f=2.3\mu\text{F}$。谐振的角频率为

$$\omega_{\text{res}}=\sqrt{\frac{L+L_g}{LL_gC_f}}=19.8k(\text{rad/s}) \tag{7.10}$$

从图7.3中能够看到,在高频条件下LCL滤波器衰减谐波的速度是L滤波器衰减谐波速度的3倍。因此LCL的滤波器对于高次的电流谐波衰减的效果要更好;在低频条件下它们的频率响应速度都为20(dB/decade),这时的LCL滤波器可被等效为电感是 L_g+L 的电抗器。从图中也可以看出,由于谐振频率处的幅值较大,假如不对LCL滤波器采取抑制的措施,就会使得谐振频率处的谐波幅值变大,这就增加网侧电流的高次谐波含量,电流谐波的畸变率增大,产生的效果很不理想,违背了设置LCL滤波器的初衷。其根本原因还是由于引入了滤波电容,导致了系统的传递函数极点增加,减小了阻尼。因此通常采用增加阻尼的方式抑制谐振。

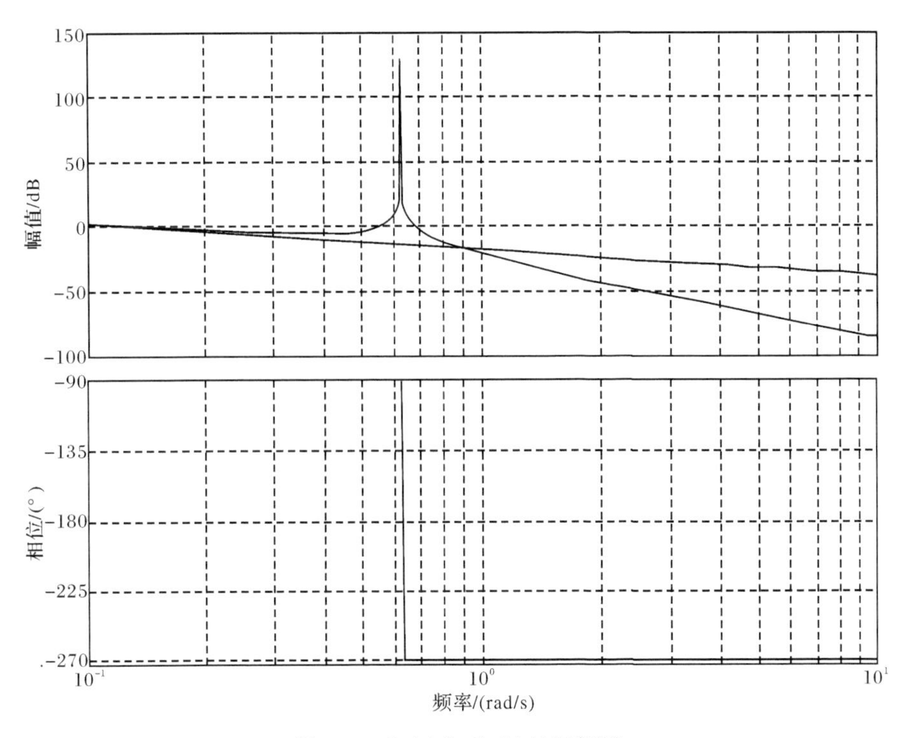

图 7.3　$G_1(s)$和 $G_T(s)$的幅频图

7.3　LCL 滤波器传统的设计方法

7.3.1　分布设计法

分布设计法是按照一定的步骤逐步进行设计的，而且这种方法参考了一些主要的设计原则[2-5]：

(1) 确定总电感 L_n 的取值范围。在满足系统的整体响应速度和对电流的追踪性能的前提下，一般都把 L_n 取的最小。不过滤波器的性能也会随着电感的变大而变得越来越好，所以在确定总电感的时候要结合实际来进行取值。

$$\frac{U_{\mathrm{dc}}}{4\sqrt{3}i_r f_{sw}} \leqslant L_n \leqslant \frac{\sqrt{\dfrac{U_{\mathrm{dc}}^2}{3}-E_n^2}}{\omega_n I_n} \tag{7.11}$$

式中，i_r 代表的是谐波电流的最大值，通常都会取在基波的峰值电流的 15%；E_n 代表的是电网电压的最大值；I_n 代表的是电网相电流的最大值。

(2) 确定滤波电容 C 的取值范围。由于要避免整流器的功率因数出现过低的情况，通常都把滤波电容吸收的基波无功功率取在系统额定有功功率的5％以下：

$$C<5\%\times\frac{P_n}{3\times2\pi f_nE_n^2} \tag{7.12}$$

（3）根据谐波衰减比 d 确定系统中各个元器件的参数：让 $r=L_1/L_2$，赋予谐波衰减比一个合适的值，通过对滤波电容 C 和滤波电感 L_n 进行赋值，求出下面二次方程的正解，求不出正解的话可以改变 d、C 和 L_n 的取值，一直到求出这个二次方程的正解结束：

$$dr^2+(2d+1-d\omega_{sw}^2L_nC)r+d+1=0 \tag{7.13}$$

（4）根据上面求出的解判断谐振频率是否满足系统的要求，假如不满足，那么就回到上面的第（3）步，重新对参数进行设计。为了使得系统在主要的谐振频率处不发生谐振的现象，那么就要对谐振频率进行如下的取值限定：

$$10f_n\leqslant f_{\mathrm{res}}\leqslant0.5f_{sw} \tag{7.14}$$

7.3.2 简易设计法

与当前的设计方法相比较，传统的设计方法在算法上比较复杂，非常不容易实现，所以在实际应用中更倾向于使用比较简单的设计方法[6]：

（1）滤波电感 L_g 的参数的选择。在选择滤波器的滤波电感时通常把谐波的峰值电流 i_{ripm} 作为参考量来进行对比，在实际应用中谐波的峰值电流通常取做最大峰值电流的15％：

$$L_g=\frac{E_n}{2\sqrt{6}i_{ripm}f_{sw}} \tag{7.15}$$

（2）滤波电感 L 的参数的选择。通常在工业应用中会把滤波电感 L 取做滤波电感 L_g 的二分之一，这样会使滤波的效果达到较佳的状态。

（3）滤波电容 C_f 的参数的选择。在确定滤波电容 C_f 的时候，通常会借用式（7.16）来对其进行求解：

$$\begin{cases}f_{\mathrm{res}}=\dfrac{1}{2\pi}\sqrt{\dfrac{L+L_g}{LL_gC_f}}\Rightarrow C_f=\dfrac{L+L_g}{LL_g(2\pi f_{\mathrm{res}})^2}\\10f_n\leqslant f_{\mathrm{res}}\leqslant0.5f_{sw}\\C_f\leqslant5\%C_b\end{cases} \tag{7.16}$$

7.4 基于粒子群算法的LCL滤波器参数智能优化设计

优化问题在工业的设计当中经常会碰到，很多问题到最后都能最终归结成优化的问题。人们也提出很多的优化算法用以解决遇到的各种问题，如爬山法、人工神经网络算法和遗传算法等。在这些需要优化的问题当中通常主要有两个问题需要得到解决:一是要寻找全局的最小点,二是要使粒子的收敛速度尽量不低。在实际的应用中,爬山法由于可能导致系统的性能指标落入局部的最小值,所以很多情况下不采用这种算法来实现。遗传算法通过三个步骤来进行参数的优化,依次是选择到交叉再到变异,不过在实际应用中需要通过复杂的编程步骤来进行实现,而且这几个优化的步骤中还有可能出现参数的交叉和变异,影响系统的解的品质,而且当前通常采用实际经验来选择这些参数,因此存在着很多不足。

粒子群优化算法也被称为粒子群优化算法,它是一种进化方面的计算技术,这些年刚刚发展起来。它和别的优化算法一样,同样都属于进化算法中的一类。粒子群算法的首次提出于1995年,科学家在观察鸟群捕食时候的行为而受到了启发,进而建立起来的,这种算法的模型比爬山法和遗传算法等一些较早的算法更为简单一些。它的基本原理是先观察整个鸟群中的一个个体,得到其空间位置和速度的信息,进而对整个群体中的最优个体的位置和速度信息进行推导,从而能得到当前目标群体中的最优值。和遗传算法相比,粒子群算法不用过多的对参数进行调整,而且在实际应用中操作起来比较容易,因此在训练神经网络、优化一些函数和模糊系统的控制等一些系统中得到了大量应用。

通过前面对LCL滤波器的传统的设计方法进行的介绍,能够发现在设计滤波器参数的过程中,使用传统的设计方法会变得比较烦琐,而且传统方法要想达到所要求的约束条件比较困难,所以没有办法确定是否已经达到了最优。因此,本书用粒子群算法进行参数设计。使用粒子群算法进行设计之前,需要建立以下的几个条件。

1) 染色体或粒子

在粒子群算法优化LCL滤波器各个参数的过程中,通常把这些参数和它们在空间中的收敛速度组成一个矢量,作为所需要的粒子 X。$X=[L_g \quad L \quad C_f \quad V_{lg} \quad V_l \quad V_{cf}]$,其中,$V_x$代表的是粒子在空间中的运行速度。

2) 适应度函数

在用粒子群算法优化设计LCL滤波器元件参数的时候,一般会把系统的适应度函数取做谐波衰减比,因此适应度函数和最终的滤波效果是成线性正比关系的,如果适应度函数的值较小,那么相应的滤波效果就会变得更好。本书中的适应度函数通过下式求得:

$$f_{\text{fit}}=d=\frac{i_g(h_{s\omega})}{i(h_{s\omega})}\approx\frac{Z_{LC}^2}{|\omega_{\text{res}}^2-\omega_{s\omega}^2|} \tag{7.17}$$

3) 相应的约束条件

(1) 由于在滤波电路中加入了滤波电容,而滤波电容就会带来无功分量,所以会对系统的运行效率造成影响。而滤波器的目的就是为了提高系统的效率,所以为了降低无功分量,同样也是为了提高系统的功率因数,通常会对电容的选取做一定的限制，使得无功分量在有功分量的 5%，$C_f \leqslant 0.5C_b$。

(2) 在实际中设计滤波器的参数的时候，要兼顾到各种损耗带来的影响，还要使得系统性能变的稳固，所以要让整个系统中的电感取值为 $L_g + L \leqslant 0.1L_b$。

(3) 由于 LCL 滤波器会发生谐振现象，所以为了避免这种情况的发生通常会选取 $10f_n \leqslant f_{\text{res}} \leqslant f_{s\omega}$。

粒子群算法(particle swarm optimization，PSO)是最近才提出的一种启发式全局优化算法，它最初是从动物群体觅食以及人类作决策时的行为受到启示，当整个群体在对目标进行搜寻时，当中单个个体都是会根据群体当中处于最优的位置那个个体以及本体曾经到达的最优位置来对下一步搜寻的方向以及大小进行调整，Eberhart 和 Kennedy 逐渐把模拟群体觅食的行为以及决策的行为模型通过实验和逐步修正设计成一种解决优化问题的通用工具，因此，它来源于动物行为学和社会心理学。

Eberhart 和 Kennedy 提出的粒子群算法主要的设计思想和两方面研究紧密相关，一个是进化算法，粒子群优化算法和进化算法都采用种群方式搜索，这就使它能够同时搜索待优化目标函数解空间中较多的区域。第二个是人工生命，人工生命(artificial life)的概念是在 1987 年由 Langton 首先提出的。

PSO 是全局的优化算法，它是对复杂非线性的函数优化，稍微修改一下也能解决组合的优化问题。它的主要优点是算法比较简单，具有初等数学的知识就能理解，而且它不用对每个特定问题设计特定编码的方案，所以在计算机上的实现是很容易的。它不用待优化的函数是可导可微的，也不用待优化的函数有明显表达式，只需一定的程序就能计算出待优化的函数值，这种方法都适用。缺点是由于没有理论基础，只是一种启发式的算法，只通过简化模拟某群体的搜索现象而设计出来的，没有从基本原理上说出该算法的有效性原因和适用范围。

粒子群优化算法的优化过程是对一组随机解进行初始化处理，继而进行迭代，来追寻当前空间中的粒子的最优值。在每个迭代的过程中，粒子都会跟踪个体极值和最优值来对自身的位置进行更新。

在找到这两个极值后，会根据下面的公式更新位置和速度：

$$V = \omega V + c_1 \cdot \text{rand}() \cdot (\text{pbest} - \text{present}) + c_2 \cdot \text{rand}() \cdot (\text{pbest} - \text{present})$$

式中，V 是粒子速度；present 是粒子当前所处的位置；rand()是个随机数，取值大于零小于 1。$c_1 = c_2 = 2$，它们两个代表学习因子。ω 是加权系数，一般在 0.1 和 0.9之间。通过不断地学习和更新，粒子最终会飞到解空间的最优解的位置，至此结束了搜索的过程。输出 Gbest 是全局的最优解。更新的过程粒子的每维最大的速率限制成 vMax，每维坐标限制在合理的范围内。图 7.4 是粒子群优化算法的程序流程图。

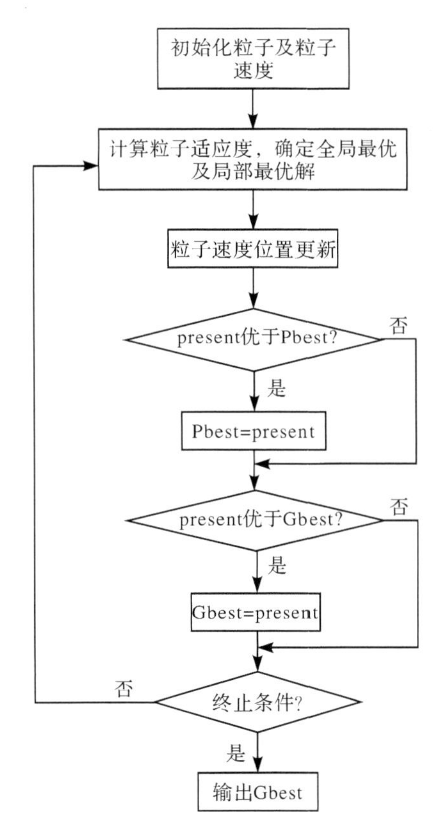

图 7.4　粒子群算法流程图

7.5　仿真及结果分析

在 7.4 节对粒子群算法进行理论分析的基础上，采用了 MATLAB 语言编程来实现粒子群算法，并用粒子群算法进行了 5 次优化计算，得到的滤波器元件参数如表 7.1 所示。由表中可以看出，粒子群算法的谐波衰减比（即适应度）低于 0.2，满足要求。

表 7.1　粒子群算法计算的滤波器元件参数

	L_g/mH	L/mH	C_f/μF	f_{res}/kHz	f
1	1.2417	0.2167	27.1156	2.1057	0.0357
2	1.1568	0.2235	26.3667	2.0205	0.0418
3	1.2045	0.2058	27.2523	2.4617	0.0391
4	1.2037	0.3961	31.7236	1.5283	0.0317
5	1.3936	0.2375	29.3049	2.1844	0.0379

因为选用的适应度函数代表的是谐波的含量，所以通常会选取适应度函数取值最小的函数来进行试验，也就是用第四次计算出的结果来进行设计。最终得到的优化结果为：$L_g=1.26\text{mH}$，$L=0.42\text{mH}$，$C_f=25\mu\text{F}$。本书在 MATLAB/Simulink/power system 下搭建了整个系统的仿真模型，而且得到了仿真的实验波形。本系统的仿真中，仿真参数的取值如下所示：电网电压的有效值为 220V，交流侧的滤波电感值为 2mH，交流侧的电阻值为 6Ω，直流侧的电容取为 470μF，负载的电阻取为 100Ω，直流侧电压的给定值为 500V，仿真的时间为 1s。

图 7.5 为仿真得到的整流器交流侧电压和电流波形图，从图中我们可以看出交流侧电流在起始阶段会有波动，过一段时间之后会和交流侧电压保持同相，运行于单位功率因数。图 7.6 为直流侧电压波形图，从图中看到，在开始阶段电压

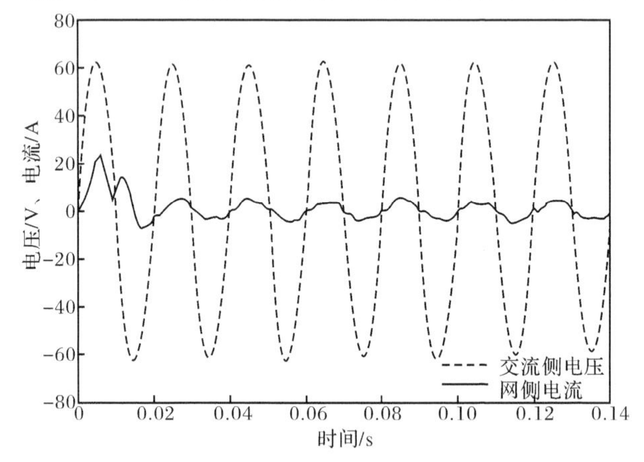

图 7.5　整流器交流侧电压和电流波形图

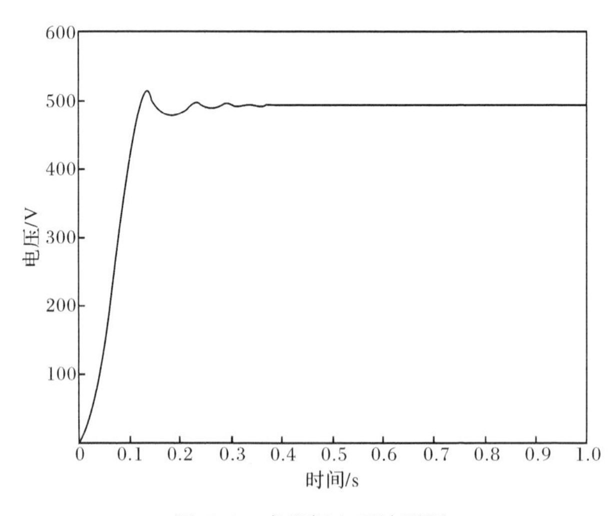

图 7.6　直流侧电压波形图

波动很大，经过一段时间之后，直流侧电压便稳定在了给定值的附近。

通过对变流器侧电流和网侧电流波形的分析，可以看出，采用PWM调制方法导致变流器侧电流中含有开关频率附近的高频谐波，干扰电网中的EMI敏感设备。经过LCL滤波处理后网侧电流中的谐波得到有效抑制，将谐波电流限制在相关标准允许的范围内。

7.6　本章小结

本章首先介绍了三相电压型PWM整流器的网侧LCL滤波器参数的设计原则，接着又介绍了传统的参数设计方法，主要包括了分布设计法和简易设计法。由于传统方法需分步计算，在不满足系统的情况下，要从上一个步骤继续运算，而且当其中的某一个元件的参数变化的时候，就需要对整个系统再次进行设计，最终还不能对计算的结果进行最优判断。在此基础上，提出了采用智能优化算法中的粒子群算法编程的思想，它是用LCL滤波器的网侧电感、滤波电容和整流器侧的电感值，还有它们在空间的运行速度当作粒子群算法的粒子，把适应度函数取做系统的谐波衰减函数，是对一组随机解进行初始化处理，继而进行迭代，来追寻当前空间中的粒子的最优值。在每个迭代的过程中，粒子都会跟踪个体极值和最优值来对自身的位置进行更新，并用相应的约束条件对适应度函数进行更正，继续进行迭代而得到当前整个空间的最优值。用MATLAB下的算法得到的数据，可以看出粒子群算法的收敛性和准确性都要比传统设计方法好。并且粒子群算法编程简单，运算速度快。

参考文献

[1] Lee D C. Advanced nonlinear control of three-phase PWM rectifiers. IEE Proceedings-Electric Power Applications，2000，147(5)：361-366.

[2] 钱志俊，仇志凌，陈国柱. 有源电能质量控制器的LCL滤波器设计与研究. 电力电子技术，2007，41(3)：6-8.

[3] 武健，徐殿国，何娜. 并联有源滤波器输出LCL滤波器研究. 电力自动化设备，2007，27(1)：17-20.

[4] 卢剑涛，王耀南，陈继华. 基于电压空间矢量的三相PWM整流器控制研究. 通信电源技术，2005，22(2)：16-19.

[5] Jalili K，Bernet S. Design of filters of active-front-end two-level voltage-source converters. IEEE Transactions on Industrial Electronics，2009，56(5)：1674-1689.

[6] 何良，赵继敏，谢海先. 三相电压型脉宽调制整流器的LCL滤波器设计. 电网技术，2006，30(8)：51-53.

第8章　基于LCL滤波的PWM整流器无阻尼控制

8.1 引　　言

LCL滤波器可以由较小的电感值来达到较好的滤波效果，可以有效抑制进网电流的高次谐波，同时电感还可以起到抑制冲击电流的作用，不但使PWM整流器控制系统具有很好的动态性能，而且可以降低控制系统的成本和减小装置体积。但是LCL滤波器存在谐振效应，会对控制系统的稳态性能造成影响。为了解决此问题，有学者提出了无源阻尼和有源阻尼控制策略。无源阻尼策略增加了整流器控制系统的能量损耗；有源阻尼策略需要增加额外的传感器，增加了成本和控制系统的复杂性。

固定开关频率电流控制使产生触发信号的PWM载波频率固定，并且把电流偏差作为调制波信号的PWM控制方法。功率器件的开关频率就是载波频率，因此固定开关频率控制策略也可以减小滤波电感值。并且固定开关频率控制具有网侧电流闭环控制，对系统参数不敏感，从而增强了控制系统的鲁棒性，有利于抑制LCL滤波器产生的谐振。

结合固定开关频率控制的特点提出了一种新型的基于LCL滤波的PWM整流器无阻尼控制方法，参数选择简单，不需要在系统中增加电容传感器就可以达到控制目的。此方法仅利用系统延时和固定开关频率控制本身的阻尼，通过调节PI调节器的采样时间就能使系统稳定运行。

8.2 PWM整流器固定开关频率控制概述

由于直接电流控制策略使用网侧电流闭环控制，所以网侧电流具有更加优秀的动态和静态性能，并且其也对控制系统参数不敏感，提高了PWM整流器电流控制的鲁棒性能。电压型PWM整流器电流内环的控制效果直接会影响输出的直流电压，尤其是在某些实际工业应用中，其控制效果的优良直接决定了整个控制系统的好坏，所以对PWM整流器的直接电流控制策略的研究非常的重要[1-4]。研究人员提出了基于滞环控制的PWM整流器和基于固定开关频率控制的PWM整流器等。这两种PWM整流器电流控制方法有各自的鲜明特点和应用领域。基于滞环控制的PWM整流器控制系统的电流动态性能非常好，并且电流的跟踪动态偏差是根据滞环宽度来决定的，不会因电流变化率的变化而变化。但是，该控制系统的主要缺点是功率开关管的开关频率会随着电流变化率变化发生改变，从而增加了滤波器设计的复杂性，功率开关管的开关损耗也会非常大，因此在大功率PWM整流设备中难以应用。基于固定开关频率控制的PWM整流器控制系统控制简单，原理清楚，应用起来较为容易。此外，因为此控制系统开关频率固定，所以PWM整流器前端的滤波器参数设计相对较为简单，并且从一定程度上减少了功率开关管的损耗，非常适合应用于大功率系统中。但是基于固定开关频率控制的PWM整流器控制系统的主要不足是在开关频率较低时，网侧电流响应较差，而且电流动态偏差会因电流变化率变化而发生变化。

固定开关频率控制是让实际检测到的交流侧电流与给定电流进行作差运算，然后再与一个频率固定的载波相比较，这样就能计算出PWM控制信号。固定开关频率控制的三相电压型PWM整流器核心控制系统可由微处理器实现。电流内环指令由电压外环PI调节器输出和同步信号合成而得。当采用微处理器实现系统运算和PWM信号发生时，由于PWM整流器控制系统必须对信号进行离散采样才能实现控制，所以，从检测信号的采样到实现PWM整流器的有效控制总会产生延时。电流内环的控制过程是利用中断进行采样和实现控制的，它的中断周期就是PWM整流器的开关周期。若以PWM开关信号上升沿为起点，则首先有电流控制信号运算延时，而在微处理器产生PWM信号时，一般会用重装载信号进行同步，于是又存在重装载同步脉冲延时。电流控制信号运算延时时间小于重装载同步脉冲延时时间，重装载同步脉冲延时时间小于PWM开关周期。即当电流内环运算完成，并生成调制波信号时，PWM驱动信号并不是立即生成，而是要等到PWM重装载信号有效后，PWM驱动信号方才发生变化，因此重装载同步脉冲延时即为PWM波形发生所需的延时[5]。进一步分析表明，重装载同步脉冲延时的大小将影响电流内环控制的稳定性。

在建立电流内环离散结构时可将电流内环调节器运算及PWM重装载延时用一个纯延时环节表示。增大电流比例调节增益将有助于减小稳态误差，但电流比例调节增益过大，则可能使控制系统性能变差。实际上，控制系统的参数会一直发生变化，所以，在设计PWM整流器固定开关频率控制系统时，阻尼比的值可选大一些，从而使控制系统的稳定裕度变大。通过研究分析表明，当电流调节器设计满足稳态误差指标及定阻尼比条件时，重装载同步脉冲延时会直接影响PWM整流器控制系统的稳定性。当PWM整流器电流比例调节增益和控制系统的阻尼比一定时，重装载同步脉冲延时越小，对提高PWM整流器控制系统的稳定性越有优势，因此应尽量减少电流环的延时。

8.3 基于无阻尼控制的LCL滤波PWM整流方法

LCL滤波器可以利用较小的电感值来达到较好的滤波效果，不但可以有效地抑制网侧电流的高次谐波，使系统具有良好的动态性能，而且所需的成本低，体积小。但是LCL滤波器自身存在谐振问题，可能会使系统的稳定性能降低。采取无源阻尼策略可以达到抑制谐振的目的，特点是控制简单，稳定可靠，但是增加了系统的能量损耗，不适合应用在大功率系统中。采取有源阻尼策略也可以达到抑制谐振的目的，特点是减少了系统的能量损耗，适合应用在大功率系统中，但是需要增加额外的传感器来检测电容电压或电流，使成本和控制的复杂性增加。有人提出了基于遗传算法的有源阻尼策略，但是实现起来难度非常大，它的研究和发展受到了很大限制。

8.3.1 无阻尼控制原理

一般情况下，若不采用阻尼控制，LCL滤波的PWM整流器存在电流谐振效应，而导致PWM整流器不能稳定运行，必须采用阻尼控制策略才能使电流谐波减少，而有效地抑制谐振效应。

前面提到，固定开关频率控制重装载同步脉冲延时的大小将影响电流内环控制的稳定性。但是常规的有源阻尼法并没有考虑控制系统可能存在的延时。实际的控制器存在延时，一般情况下，控制器的延时会影响系统的控制性能。

用数字微处理器实现PWM整流器控制系统时，因为存在采样时间和计算延时，因此数字控制系统一般会有个单位周期的延时。通常控制系统中的单位周期的延时会使系统的稳定裕度降低，甚至会导致系统的稳定性变差。但是，若能结合LCL滤波器合理的利用固定开关频率控制系统存在的延时，便可以实现LCL滤波的PWM整流器稳定性能控制，有效地抑制谐振发生。

控制器的采样频率和功率器件开关频率一般是相同的，则实际数字控制系统存在约1个采样周期的延时。若控制器设计不当，控制系统的延时有可能会更大。当系统存在的延时超过2个采样周期时，即使采取相应的阻尼措施使LCL滤波器产生的谐振得到抑制，此时电流的控制性能也会很差，所以要尽可能减少延时。

虽然按照常规方法选择PI调节器的参数，可使电流内环稳定，但系统并不一定能获得令人满意的效果，谐波含量较大。经过研究，在选择PI调节器参数时，保证稳定的前提下，比例系数K值取得大一些性能会更好。但是，随着比例系数K值的逐渐增加，闭环系统的幅频特性将出现谐振峰，所以应适当选择PI调节器的参数，优化系统的控制性能。

由控制理论可知，连续系统离散化以后，其稳定性能可能会发生改变，且不同的采样时间下的离散系统也有不同的稳定性。采用交流侧电流反馈时，在连续系统中稳定的系统，离散化后可能变为不稳定。交流侧电流反馈控制要增加控制系统的稳定裕度就应该采用尽可能短的采样时间，但是过短的采样时间对控制器的要求提高从而增加了成本，此时可以通过选择合适的采样时间来提高系统的稳定性能。

本章考虑到基于LCL滤波的PWM整流器固定开关频率实际控制系统内部延时的多样性和具体结构的特殊性，提出了一种新型的基于LCL滤波的三相电压型PWM整流器无阻尼控制策略。该策略采用固定开关频率控制，不需要电容电压或电流传感器，对交流侧电流进行反馈，利用系统延时和固定开关频率控制本身的阻尼，通过选取合适的PI调节器的采样时间和比例系数就可以实现系统的稳定运行，使滤波器产生的谐振得到有效抑制，网侧电流谐波明显减少。

8.3.2 无阻尼控制策略实现

基于LCL滤波的三相电压型PWM整流器固定开关频率控制是电流内环电压外环的双闭环控制结构。电压外环把直流电压偏差值由PI调节器处理后作为给定电流值，此电流值与反馈电流值比较后利用电流调节器计算得到调制波，把调制波与给出的固定频率载波比较，得到PWM控制信号。开关器件的开关频率就是载波频率，因此固定开关频率控制策略可以减小滤波电感值。固定开关频率控制具有网侧电流闭环控制，对系统参数不敏感，从而增强了控制系统的鲁棒性，有利于抑制LCL谐振，并且此控制策略不需要电容电压或电流传感器，节约了成本。

先进行矢量变换，把静止坐标系 a-b-c 下的状态方程转换到旋转坐标系 d-q 下进行分析，发现LCL滤波的三相PWM整流器模型依然是一个强耦合系统。虽然无功电压和有功电压直接决定无功电流和有功电流，但是电流分量还与交流侧电感电压和网侧电压有很大关系，仅仅对电流分量进行反馈不会消除电流耦合。由于交流侧支路滤波电容中的电流大小和其两侧的电感中的电流大小不在一个数量级上，故使用与单电感滤波的PWM整流器相同的前馈解耦控制来实现电流解耦可以达到很好的效果。

1. 电流内环控制

固定开关频率控制策略中的电流内环控制器采用PI调节器，从而交流侧电流能够很好地跟随指令电流，网侧电流畸变率低，电流具有快速的响应能力。PWM整流器具有非线性特性，考虑到为了避免IGBT上下直通、驱动延时和电流内环采样延时 T_s，PWM整流器用小时间常数的一阶惯性环节 $G_i(s)$ 表示，$G_i(s)=$

$1/(T_s+1)$。此外,电流内环采取电流指令限幅,不但 PWM 整流器能够恒流运行,而且还能对 IGBT 进行保护。PWM 整流器的电流内环结构如图 8.1 所示,其中 K_{iP} 表示电流内环比例增益;K_{iI} 表示电流内环积分增益;K_{PWM} 表示桥路 PWM 的等效增益;总电感 $L_T=L+L_f$。

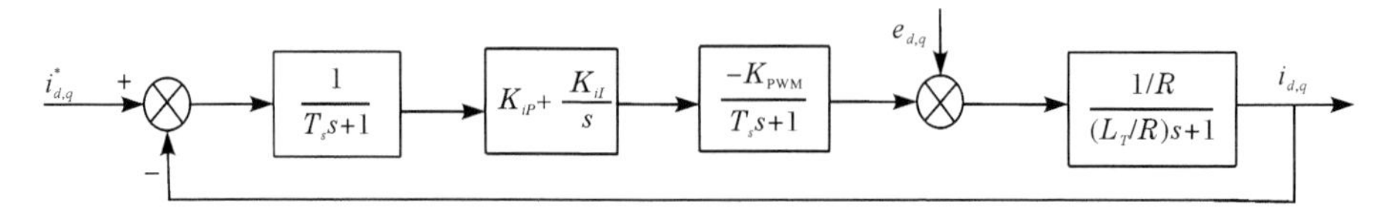

图 8.1 PWM 整流器电流内环控制框图

设置无功电流分量 $i_q^*=0$,使 PWM 整流器实现单位功率因数控制。因为采用电流闭环,动态过程中 i_q 变化已经不大,在直流侧输出电压稳定时,i_q 已从暂态过渡到零值。考虑到 LCL 滤波器存在谐振,控制系统阻尼比 ξ 的值可选大一些,这样就可以抑制谐振,有利于控制系统稳定。当电流调节器的参数满足稳态误差指标和定阻尼比 ξ 条件时,重装载同步脉冲延时会直接影响 PWM 整流器控制系统稳态性能,重装载同步脉冲延时延时越短,对抑制 LCL 滤波器谐振和 PWM 整流器控制系统稳定性越有好处,所以,要尽可能减少电流的控制延时[6]。

2. 电压外环控制

电压外环可以稳定直流侧输出电压,三相 PWM 整流器交流侧输入电流和直流侧输出电压的传递函数为

$$G_u(s)=K\frac{1-T_z s}{1+T_p s} \tag{8.1}$$

式中,$K=3R_L/4u_{\mathrm{dc}}$;$T_z=L_T I_m/U_m$,U_m 为交流侧相电压幅值,I_m 为交流侧相电流幅值;$T_p=0.5R_L C_d$,R_L 为直流侧负载电阻,C_d 为直流电容。

由于电流环是一个二阶系统,在设计时,考虑输入电流无误差跟踪指令值,可以对电流环进行降阶处理,用一个一阶惯性环节 $G_i(s)$ 代替,可以得到电压外环结构,如图 8.2 所示。

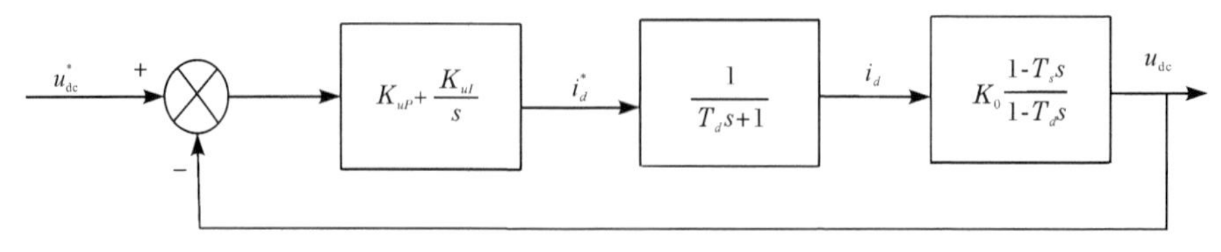

图 8.2 PWM 整流器电压外环控制框图

其中

$$G_i(s)=\frac{1}{T_d s+1} \tag{8.2}$$

式中，T_d是和总电感值和电流 PI 调节器比例系数有关的函数，$T_d=L_T/K_{ip}$。

电压外环传递函数为

$$G_u(s)=\frac{K_0(K_{uP}s+K_{uI})(T_z s+1)}{s(T_d s+1)(T_p s+1)} \tag{8.3}$$

式中，$K_0=3R_L/4u_{dc}$；K_{uP}为电压外环比例增益；K_{uI}为电压外环积分增益。

电流调节器是电流内环非常重要的调节器，能够实现电流的良好动态性能，为了能使零极点对消，电压外环调节器应满足：$K_{uP}=T_p K_{uI}$，代入式(8.3)中，可得电压外环开环传递函数如式(8.4)所示。

$$G_u(s)=\frac{K_{uI}K_0(T_z s+1)}{s(T_d s+1)} \tag{8.4}$$

于是电压外环闭环传递函数为

$$G_u(s)=\frac{K_{uI}K_0(1-T_z s)}{T_d s^2+(1+T_z K_{uI}K_0)s+K_{uI}K_0} \tag{8.5}$$

由于控制系统电感很小，所以时间常数 T_z对系统动态性能影响较小，可以忽略，$G_u(s)$可以简化为

$$G_u(s)=\frac{K_{uI}K_0}{T_d s^2+(1+T_z K_{uI}K_0)s+K_{uI}K_0} \tag{8.6}$$

在设计电流环时发现数字控制系统 IGBT 上下直通、驱动信号和电流内环采样都存在延时，对 LCL 滤波的 PWM 整流器稳定性影响很大，利用数字控制系统存在的延时可以实现 LCL 滤波的 PWM 整流器的稳定控制。此外，固定开关频率控制内部存在的阻尼也有利于整流器控制系统的稳定运行。

通过改变 PI 调节器的采样时间可以改变延时大小。在变流侧电流反馈时采样时间越短，系统稳定性越好。但是采样时间越短，对微处理器要求越高，成本增加。PI 调节器采样时间为 LCL 滤波器谐振周期时间的一半以内时系统可以获得良好的性能。

8.4　仿真及结果分析

利用 MATLAB/Simulink 搭建仿真平台分别对基于 L 滤波的三相电压型 PWM 整流器固定开关频率控制策略和基于 LCL 滤波的三相电压型 PWM 整流器无阻尼控制策略进行仿真，然后对不同仿真参数下产生的仿真结果进行分析，来验证控制理论的正确性。

8.4.1 较高直流电压输出时系统仿真

利用 MATLAB/Simulink 搭建仿真平台分别对基于 L 滤波的 PWM 整流器固定开关频率控制策略和 LCL 滤波的 PWM 整流器无阻尼控制策略在较高直流电压输出时进行仿真,然后对仿真结果进行分析。

设置仿真参数:电压 $E_{a,b,c}$=380V,直流电压为 1000V,开关频率为 5kHz,采样频率为 10kHz。参照滤波器设计规则选择合适的参数:网侧电感 L_f=0.4mH,内阻为 0.1Ω;交流侧滤波电容 C_f=20μF;交流侧电感 L=0.8mH,内阻为 0.2Ω。由式(2.30)可知 LCL 滤波器的谐振频率为 2180Hz,符合设计要求。直流侧电容 C_d=5000μF,电阻负载 R_L=100Ω。为了方便对比,设置 L 滤波器电感值为 1.2mH,内阻为 0.3Ω,其他参数相同。PWM 整流器控制系统仿真结果如图 8.3~图 8.9 所示。

图 8.3 是 L 滤波的三相电压型 PWM 整流器输出的直流电压波形,开始直流侧电容电压为零,电压升高很快,0.01s 后电压增速变缓,0.138s 电压达到最大值 1016.3V,0.18s 后电压基本达到稳定。PWM 整流器直流输出响应比较快,超调量在 2%以内,直流输出稳定。

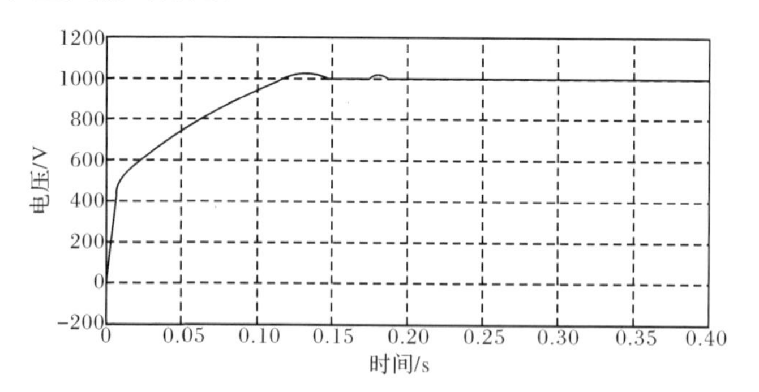

图 8.3 L 滤波的 PWM 整流器输出直流电压波形

图 8.4 是 L 滤波的 PWM 整流器输出直流电压波形放大图。0.2s 后电压已经稳定,放大后发现电压纹波较大。

图 8.5 是 LCL 滤波的 PWM 整流器输出直流电压波形,开始电压升高较快,0.01s 后增速变缓,0.138s 电压达到最大值 1016.2V,0.18s 后电压基本稳定。PWM 整流器直流输出响应也是比较快,超调量在 2%以内,直流输出稳定。

对比分析图 8.3 与图 8.5 可知,LCL 滤波的 PWM 整流器和 L 滤波的 PWM 整流器输出的直流电压响应时间,超调量基本一致,0.18s 后电压较为稳定,控制系统都取得了满意的效果。

图 8.6 是 LCL 滤波的 PWM 整流器输出直流电压波形放大图。0.2s 后电压

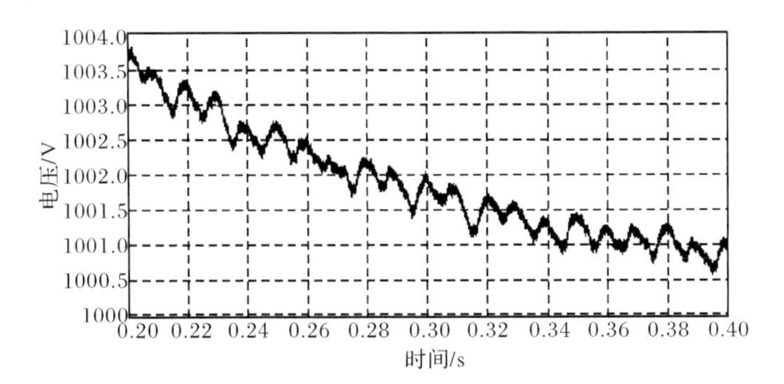

图 8.4　L 滤波的 PWM 整流器输出直流电压波形放大图

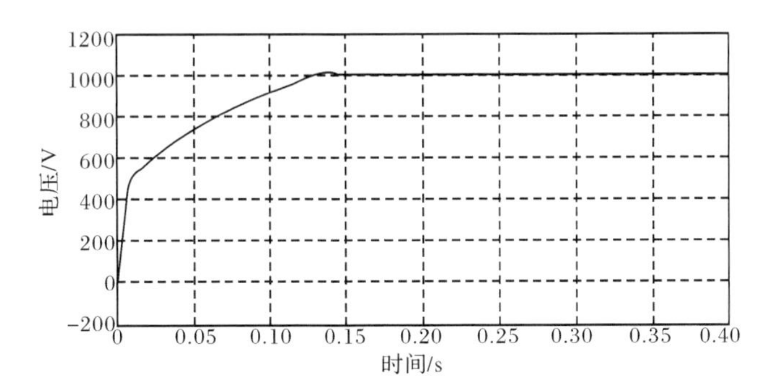

图 8.5　LCL 滤波的 PWM 整流器输出直流电压波形

已经稳定,放大后发现直流电压纹波很小,精度高,系统稳定,性能取得了更好的效果。通过对比分析图 8.4 和图 8.6 还可以发现,LCL 滤波的 PWM 整流器比 L 滤波的 PWM 整流器输出的直流电压纹波明显变小,直流电压输出精度更高,取得了更加优异的控制效果。

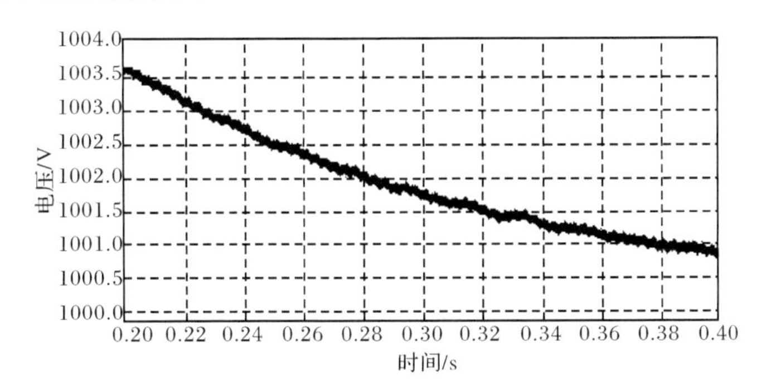

图 8.6　LCL 滤波的 PWM 整流器输出直流电压波形放大图

图 8.7 是 L 滤波的 PWM 整流器网侧 A 相电流及其谐波分析。从图中可以看出交流侧电流成正弦波形,但是含有一定量的谐波,总谐波含量(THD)为

7.19%，开关频率 5kHz 附近的高次谐波幅值达到 1.3%。网侧电流输出总谐波含量超出了国际电工委员会规定的 5%的标准。

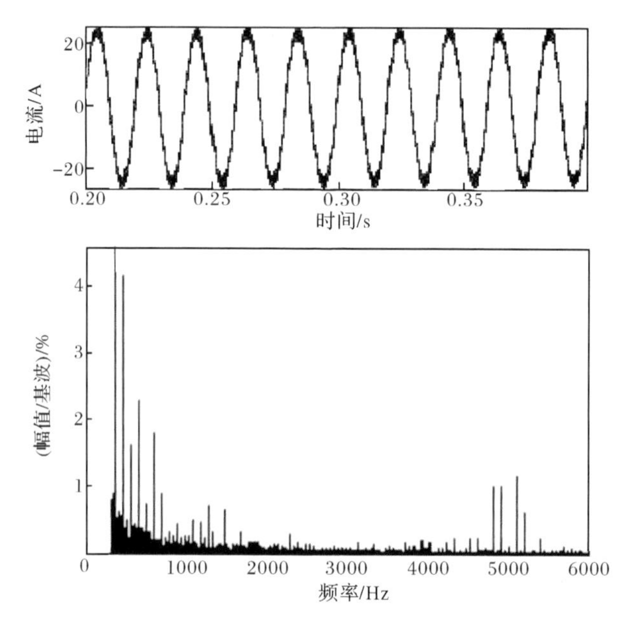

图 8.7　L 滤波的 PWM 整流器网侧 A 相电流及其谐波分析

图 8.8 是 LCL 滤波的 PWM 整流器交流侧 A 相电流及其谐波分析。从图中可以看出交流侧电流接近正弦波，但是含有较多谐波，总谐波含量（THD）为 26.76%，特别是开关频率 5kHz 附近的高次谐波含量非常丰富，幅值甚至达到 7.5%。这远远超出了国际电工委员会规定的 5%的标准。

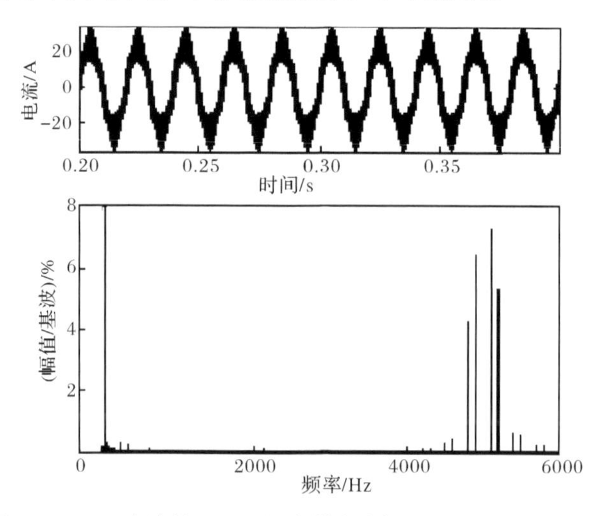

图 8.8　LCL 滤波的 PWM 整流器交流侧 A 相电流及谐波分析

图 8.9 是 LCL 滤波的 PWM 整流器网侧 A 相电流及其谐波分析。从图 8.9 中可以看出网侧电流波形为正弦波，系统稳定运行。交流侧电流含有较少谐波，总谐波含量(THD)仅为 1.94%，开关频率 5kHz 附近的高次谐波含量大大减少，谐波最大幅值仅为 1%。这远低于国际电工委员会规定的 5%的标准。

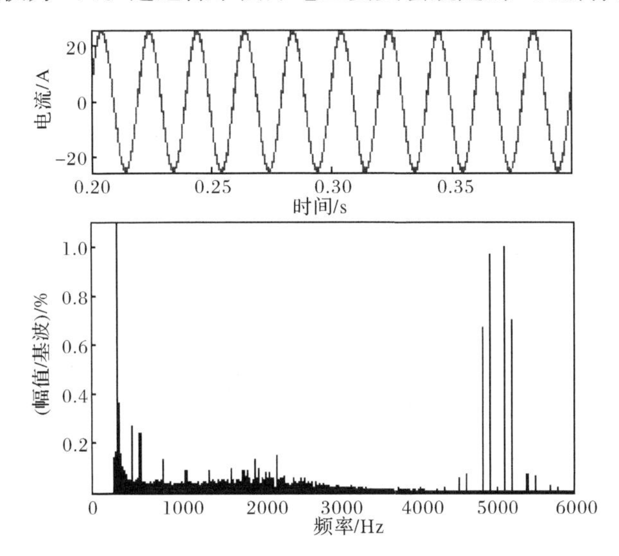

图 8.9　LCL 滤波的 PWM 整流器网侧 A 相电流及其谐波分析

对比图 8.7 与图 8.9 可知，LCL 滤波器比 L 滤波器在 PWM 整流器中对高次谐波具有更好的滤波效果。

对比图 8.8 与图 8.9 可知，LCL 滤波的三相电压型 PWM 整流器控制系统稳定运行，谐振得到较好的抑制，网侧电流高次谐波大大减少，达到了预期的控制效果。

通过对基于 L 滤波的 PWM 整流器固定开关频率控制策略和基于 LCL 滤波的 PWM 整流器无阻尼控制策略在较高直流电压输出时的系统仿真与分析，可以得出如下结论：

(1) 在滤除高次谐波方面，LCL 滤波器比 L 滤波器具有更好的性能，并且使 PWM 整流器输出的直流电压纹波明显变小，精度更高。

(2) 书中采用的基于 LCL 滤波的无阻尼控制策略，不仅不会产生功率损耗，不需要电容传感器，节省了成本，而且大大减小了滤波电感值，很适用于大功率系统。

8.4.2　正常直流电压输出时系统仿真

对 LCL 滤波的 PWM 整流器进行了深入研究，在设计无阻尼控制策略时，除了考虑了系统延时外，还特别考虑了 PI 调节器参数和采样时间对系统稳定性的影响。利用 MATLAB/Simulink 搭建仿真平台对基于 LCL 滤波的 PWM 整流器无阻尼控制策略进行仿真。设置仿真参数如下：线电压有效值为 380V，电网频率 f_b 为 50Hz，直流侧电容 C_d 为 5000μF，电阻负载为 100Ω，直流电压设为 700V，开关频率 f_{sw} 为 5kHz。参照滤波器设计规则选择合适的参数：网侧电感 L_f 为 0.8mH，内阻为 0.1Ω；交流侧滤波电容 C_f 为 12μF；交流侧电感 L 为 1.6mH，内阻为 0.2Ω。

通过将 PI 调节器中的采样时间从 5μs 调节到 230μs 对系统进行仿真，得到的采样时间与网侧电流谐波关系如图 8.10 所示。从图 8.10 中数据可以看出，采样时间越短，网侧电流谐波总体上呈越来越小的趋势，并且分析发现采样时间越长，系统越不稳定，采样时间为 LCL 滤波器谐振周期时间的一半以内时，系统才可能获得很好的性能。但是从图 8.10 中数据可以看出，在某些采样时间下，网侧电流谐波明显增多，控制系统的稳定性变差，从而影响系统的整体性能，还会对电网造成影响，所以说无阻尼控制策略会使系统的稳定域变小。

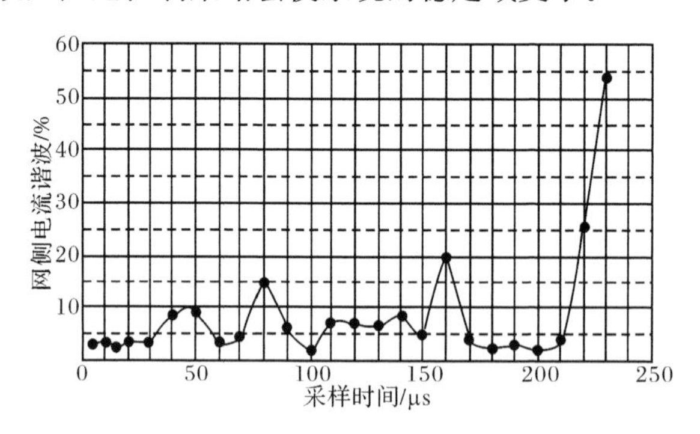

图 8.10　采样时间与网侧电流谐波

另外，从图 8.10 还可知，当采样时间为 200μs 时，系统稳定且达到较好的滤波效果，其仿真结果如图 8.11～图 8.16 所示。

图 8.11 是 LCL 滤波的三相电压型 PWM 整流器输出直流电压波形。从图中可以看出 0.09s 后电压基本稳定，动态性能非常好，超调量在 5%以内，达到了预期的控制效果。

图 8.12 是交流侧 A 相电流与网侧 A 相电压波形图。从图中可以看出，稳定后的电流波形为正弦波，但是电流谐波含量很大。

图 8.13 是网侧 A 相电流与网侧 A 相电压波形图。从图中可以看出，稳定后的电流波形为正弦波，但是电流谐波含量明显大大减小。

图 8.14 是 LCL 滤波的 PWM 整流器交流侧 A 相电流及其谐波分析。从图中可以看出交流侧电流含有较多谐波，总谐波含量(THD)为 22.39%，开关频率

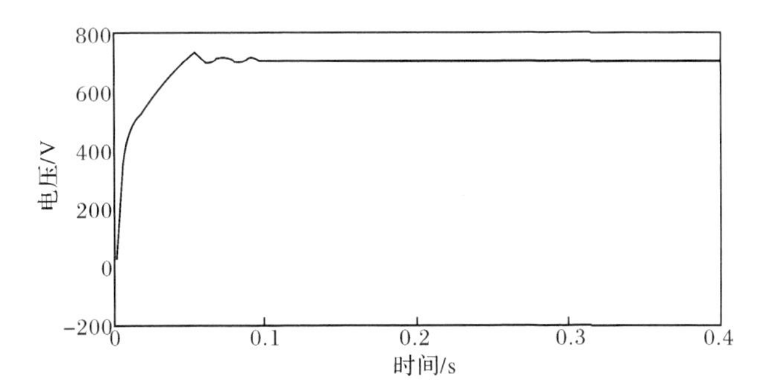

图 8.11 LCL 滤波的 PWM 整流器输出直流电压波形

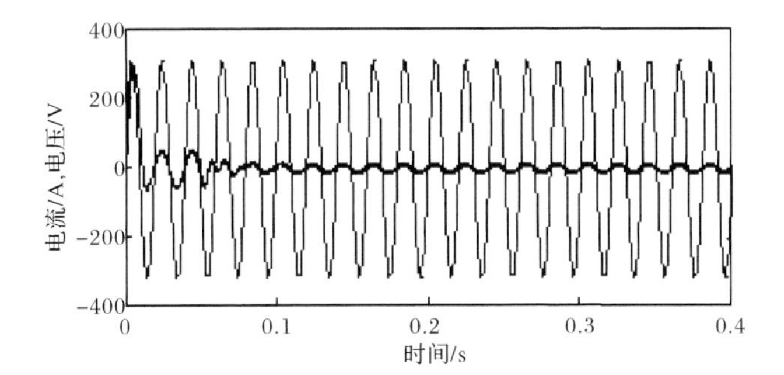

图 8.12 交流侧 A 相电流与网侧 A 相电压

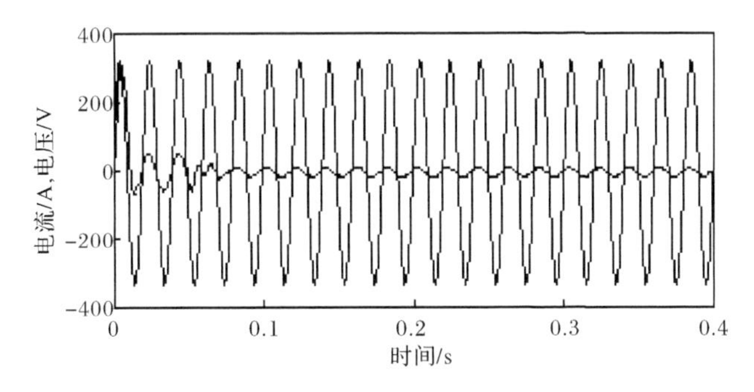

图 8.13 网侧 A 相电流与网侧 A 相电压

5kHz 附近的高次谐波含量非常丰富，幅值达到 9.79％。这远高于国际电工委员会规定的 5％的标准。

图 8.15 是 LCL 滤波的 PWM 整流器网侧 A 相电流及其谐波分析。从图中可以看出交流侧电流含有较少谐波，总谐波含量(THD)仅为 2.18％，开关频率 5kHz 附近的高次谐波幅值仅为 1.18％。这远低于国际电工委员会规定的 5％的标准。

对比图 8.12 与图 8.13～图 8.15 可知，LCL 滤波的 PWM 整流器控制系统稳定运行，电流波形畸变率低，谐振得到较好的抑制，网侧电流高次谐波大大减少，达到了预期的控制效果。而张宪平、林资旭等采用虚拟串电阻的控制方法，用总电感为 8mH 的滤波器才达到了相同的控制效果。

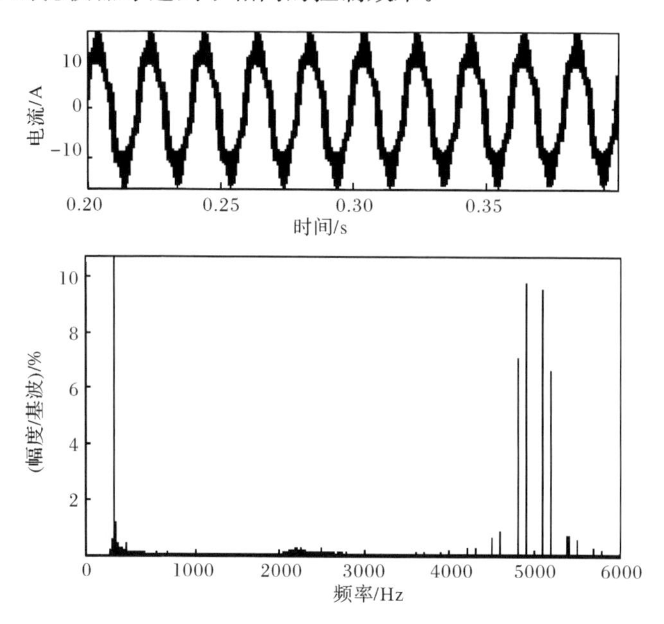

图 8.14　交流侧 A 相电流及谐波分析

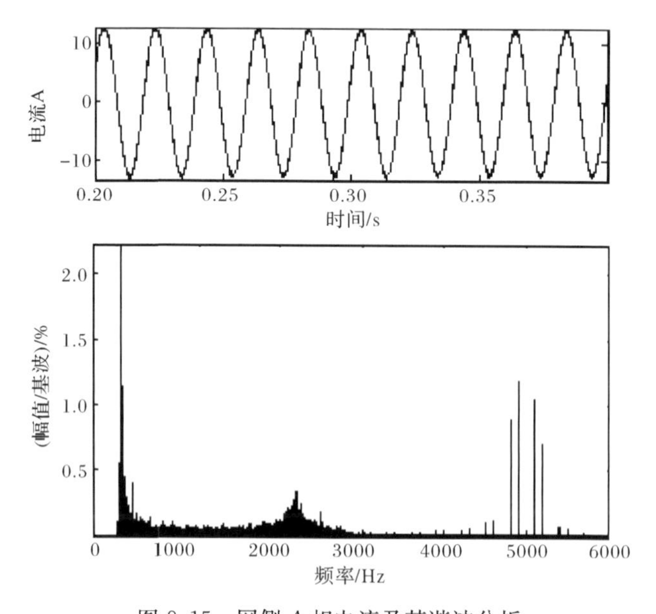

图 8.15　网侧 A 相电流及其谐波分析

图 8.16 是无功功率和有功功率波形图，从图中可以看出无功功率为零，实现了单位功率因数运行。

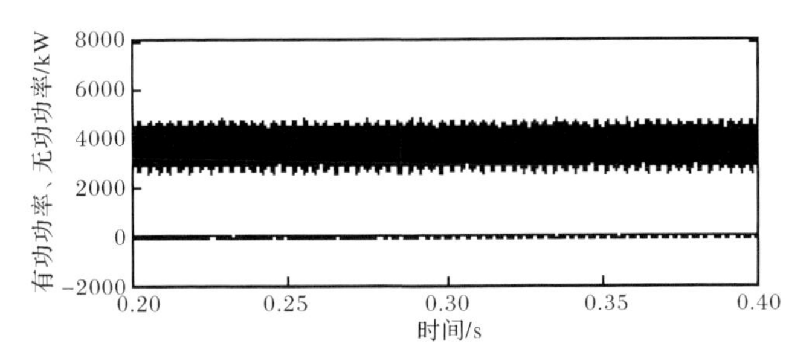

图 8.16 无功功率和有功功率

通过对基于 LCL 滤波的三相电压型 PWM 整流器无阻尼控制策略进行理论和系统仿真分析，结果表明：

(1) 利用控制系统本身存在的延时和阻尼，通过选取合适的 PI 调节器采样时间可以实现系统的稳定运行，网侧谐波含量明显减少，并且 LCL 滤波器产生的谐振得到有效抑制。

(2) 此控制策略大大减小了滤波器电感值，不需要电容电压或电流传感器，控制简单可靠，节省了成本，减小了体积。

(3) 此控制策略避免了额外的功率损耗，比较适用于大功率系统。

(4) 无阻尼控制策略可能会使系统的稳定域变小。

8.5 本章小结

本章阐述了固定开关频率控制策略的原理和特性，然后针对 LCL 滤波器存在的谐振问题，提出一种基于 LCL 滤波的三相电压型 PWM 整流器无阻尼控制策略。利用系统延时和固定开关频率控制本身的阻尼，通过调节 PI 调节器的采样时间来实现系统稳定，采用简化电容传感器设计，优化系统结构。结果表明，系统动态性能良好，网侧电流谐波明显减少，滤波器产生的谐振得到了有效抑制。

参考文献

[1] 张兴. PWM 整流器及其控制策略的研究. 合肥：合肥工业大学博士学位论文，2003.

[2] 张颖超，赵争鸣，鲁挺，等. 固定开关频率三电平 PWM 整流器直接功率控制. 电工技术学报，2008，23(6)：72-76.

[3] 王要强. 阻尼损耗最小化的 LCL 滤波器参数优化设计. 中国电机工程学报，2010，30(27)：

90-95.
[4] Nussbaumer T, Heldwein M L, Gong G H, et al. Comparison of prediction techniques to compensate time delays caused by digital control of a three-phase buck-type PWM rectifier system. IEEE Transactions on Industrial Electronics, 2008, 55(2): 791-799.
[5] Malinowski M, Kazmierkowski M P. A comparative study of control techniques for PWM rectifier in AC adjustable speed drives. IEEE Transactions on Power Electronics, 2003, 18(6): 1390-1396.
[6] Malinowski M, Jasinski M, Kazmierkowski M P. Simple direct power control of three-phase PWM rectifier using space-vector modulation. IEEE Transactions on Industry Electronics, 2004, 51(2): 447-453.

第 9 章　基于虚拟磁链的 PWM 整流器直接功率控制

9.1 引　　言

直接功率控制策略是 20 世纪 90 年代初由外国学者 Ohnishi 提出，并由 Noguchi 通过进一步研究进而得到的[1]。直接功率控制策略的功率因数较高，总的谐波失真比较低，而且采用的算法和系统结构都比较简单，因此受到了广泛的研究。但是传统的直接功率控制策略由于它的开关频率不太固定，需要快速的处理器和 A/D 转换器等[2-5]，因此这些缺陷导致了其在工业应用中就很难实现。针对以上缺点，本书运用 SVPWM 调节器替换传统 DPC 中的开关表[6-8]，设计一种采用虚拟磁链来估计无功和有功功率，结合空间矢量调制的直接功率控制系统，解决了开关频率不固定的缺点[9]，并通过仿真实验验证了所提出方法的可行性。

9.2 虚拟磁链的估算

9.2.1 磁链概念和估算

根据前面的介绍我们可知，交流电机系统的特点是非线性多变量和强耦合的。根据定转子的坐标位置，我们可以用下面的公式求出磁链：

$$\psi = L \times I \tag{9.1}$$

定子绕组电压方程为

$$\begin{bmatrix} u_{sa} \\ u_{sb} \\ u_{sc} \end{bmatrix} = \begin{bmatrix} R & 0 & 0 \\ 0 & R & 0 \\ 0 & 0 & R \end{bmatrix} \times \begin{bmatrix} i_a \\ i_b \\ i_c \end{bmatrix} + p \begin{bmatrix} \psi_{sa} \\ \psi_{sb} \\ \psi_{sc} \end{bmatrix} \tag{9.2}$$

式中，R 是定子侧的阻抗值；p 是微分算子。

如果忽略 R 的作用，可以得到

$$\begin{bmatrix} \psi_{sa} \\ \psi_{sb} \\ \psi_{sc} \end{bmatrix} = \int \begin{bmatrix} u_{sa} \\ u_{sb} \\ u_{sc} \end{bmatrix} \mathrm{d}t \tag{9.3}$$

在空间中对上面的三个矢量进行组合，进而把这些矢量转换到 α-β 坐标系中，可以对上面的式子进行如下改写：

$$\psi_s = \begin{bmatrix} \psi_{s\alpha} \\ \psi_{s\beta} \end{bmatrix} = \begin{bmatrix} \int u_{s\alpha}\,\mathrm{d}t \\ \int u_{s\beta}\,\mathrm{d}t \end{bmatrix} \tag{9.4}$$

其中

$$u_s = \begin{bmatrix} u_{s\alpha} \\ u_{s\beta} \end{bmatrix} = \sqrt{\frac{2}{3}} \begin{bmatrix} 1 & -\frac{1}{2} & -\frac{1}{2} \\ 0 & \frac{\sqrt{3}}{2} & -\frac{\sqrt{3}}{2} \end{bmatrix} \begin{bmatrix} u_{sa} \\ u_{sb} \\ u_{sc} \end{bmatrix} \tag{9.5}$$

9.2.2　PWM 整流器虚拟磁链的估算

对于三相电压型的 PWM 整流器来说，其交流侧的电压由于受到了电网电压以及交流侧的电感的能量影响，因而可以等效成为一个交流电机[10,11]。在图 9.1 中，交流侧的电阻和滤波电感可以被等效成为虚拟电机的定子电阻和侧漏感，在这种等效的前提下，我们可以从电机的气隙磁链得到电网的电压，线电压由虚拟气隙磁链感应产生，虚拟磁链落后虚拟感应电动势 90°电角度。在两相静止坐标系虚拟磁链与线电压的关系如图 9.2 所示。

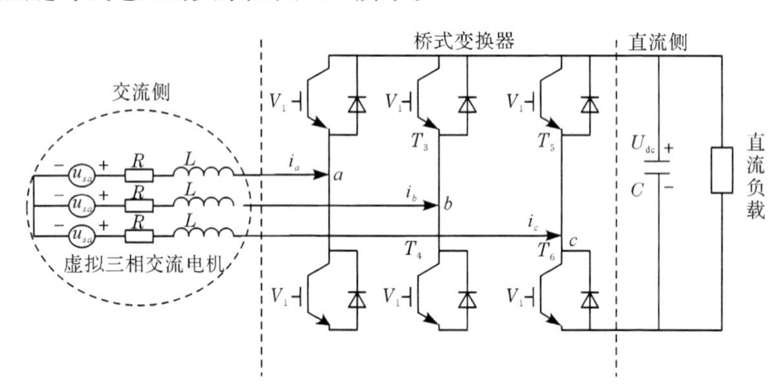

图 9.1　三相 PWM 整流器和交流电机的等效示意图

定义 $\psi_L = \int u_L \mathrm{d}t$，$u_L$ 代表网侧电压。

$$u_L = \begin{bmatrix} u_{L\alpha} \\ u_{L\beta} \end{bmatrix} = \sqrt{\frac{2}{3}} \begin{bmatrix} 1 & 1/2 \\ 0 & \sqrt{3}/2 \end{bmatrix} \begin{bmatrix} u_{ab} \\ u_{bc} \end{bmatrix} \tag{9.6}$$

$$\psi_L = \begin{bmatrix} \psi_{L\alpha} \\ \psi_{L\alpha} \end{bmatrix} = \begin{bmatrix} \int u_{L\alpha}\,\mathrm{d}t \\ \int u_{L\beta}\,\mathrm{d}t \end{bmatrix} \tag{9.7}$$

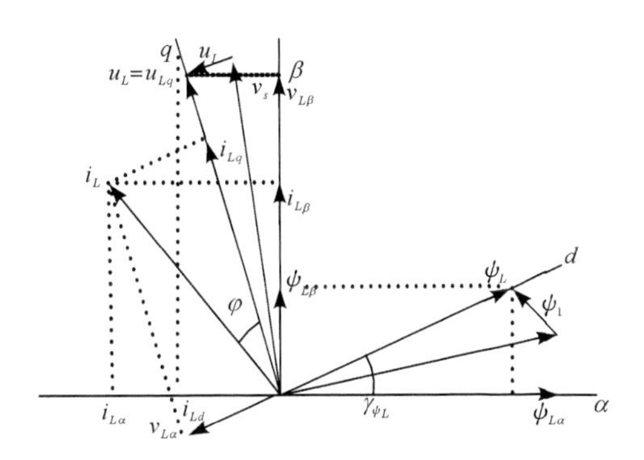

图 9.2　虚拟磁链与线电压框图

基于测量的直流侧电压和开关函数的形式，在两相静止坐标系下整流器桥臂的电压矢量 u_s 可表示成如下形式：

$$u_s=\begin{bmatrix}u_{s\alpha}\\u_{s\beta}\end{bmatrix}=U_{\mathrm{dc}}\begin{bmatrix}\frac{2}{3} & -\frac{1}{3} & -\frac{1}{3}\\0 & \frac{1}{\sqrt{3}} & -\frac{1}{\sqrt{3}}\end{bmatrix}\begin{bmatrix}S_a\\S_b\\S_c\end{bmatrix}\tag{9.8}$$

如果忽略电阻 R 的影响，那么交流侧的电压方程为

$$\begin{cases}L\dfrac{\mathrm{d}i_\alpha}{\mathrm{d}t}+u_{r\alpha}=u_{L\alpha}\\L\dfrac{\mathrm{d}i_\beta}{\mathrm{d}t}+u_{r\beta}=u_{L\beta}\end{cases}\tag{9.9}$$

$$\begin{cases}\psi_{L\alpha}=Li_\alpha+\int u_{s\alpha}\mathrm{d}t\\\psi_{L\beta}=Li_\beta+\int u_{s\beta}\mathrm{d}t\end{cases}\tag{9.10}$$

在三相静止的坐标系种变换器电压的矢量关系：

$$u_s=u_L+u_r\tag{9.11}$$

式中，u_s 表示的是电网电压；u_L 代表交流侧的电感的两端电压；u_r 代表整流器交流侧的电压。

同样能求得虚拟磁链之间的关系：

$$\psi_s=\psi_L+\psi_r\tag{9.12}$$

两相静止 α-β 坐标系下，把式(9.12)改为

$$\begin{cases}u_{s\alpha}=L\dfrac{\mathrm{d}i_\alpha}{\mathrm{d}t}+u_{r\alpha}\\u_{s\beta}=L\dfrac{\mathrm{d}i_\beta}{\mathrm{d}t}+u_{r\beta}\end{cases}\tag{9.13}$$

在式(9.13)中，可以用式(9.14)计算变换器的交流侧的电压：

$$\begin{cases} u_{r\alpha} = S_\alpha U_{\mathrm{dc}} \\ u_{r\beta} = S_\beta U_{\mathrm{dc}} \end{cases} \tag{9.14}$$

式中

$$\begin{bmatrix} S_\alpha \\ S_\beta \end{bmatrix} = T_{abc\to\alpha\beta}\begin{bmatrix} S_a \\ S_b \\ S_c \end{bmatrix} = \sqrt{\frac{2}{3}}\begin{bmatrix} 1 & -\frac{1}{2} & -\frac{1}{2} \\ 0 & \frac{\sqrt{3}}{2} & -\frac{\sqrt{3}}{2} \end{bmatrix}\begin{bmatrix} S_a \\ S_b \\ S_c \end{bmatrix} \tag{9.15}$$

可以运用功率的等变换方法在矢量空间求出 S_α 和 S_β 取值的范围：

$$\begin{cases} S_\alpha = \left\{ \pm\sqrt{\frac{2}{3}}, \pm\sqrt{\frac{1}{6}}, 0 \right\} \\ S_\beta = \left\{ \pm\sqrt{\frac{1}{2}}, 0 \right\} \end{cases} \tag{9.16}$$

根据式(9.4)可以得知，电压的积分是磁链，可以用下式表示：

$$\begin{bmatrix} \psi_{s\alpha} \\ \psi_{s\beta} \end{bmatrix} = \begin{bmatrix} \int u_{s\alpha}\,\mathrm{d}t \\ \int u_{s\beta}\,\mathrm{d}t \end{bmatrix}$$

把式(9.12)和式(9.13)代入上式可得

$$\begin{cases} \psi_{s\alpha} = U_{\mathrm{dc}}\int S_\alpha \mathrm{d}t + Li_\alpha \\ \psi_{s\beta} = U_{\mathrm{dc}}\int S_\beta \mathrm{d}t + Li_\beta \end{cases} \tag{9.17}$$

可以从式(9.17)中看出，可以根据当前直流侧的电压以及所选择的空间矢量信息来估算磁链，用 $\psi_{s\alpha}$ 和 $\psi_{s\beta}$ 可以求得虚拟磁链矢量在矢量空间中的位置，进而定向。对电压的估算和积分是当中最重要的计算步骤。

图 9.3 给出了纯积分的幅频特性图，然后对其特性进行了分析。

从图 9.3 中看出，幅频曲线是一条穿过坐标原点的直线，斜率为每 10 倍频 −20dB，因此，它可以衰减所有角频率大于 1 的交流信号。接下来举一个例子对纯积分器的特性进行分析，一幅值为 P_1 角频率大于 1 的交流信号通过上面的纯积分环节之后幅值变换成 P_2，于是通过幅频特性图得出式(9.18)：

$$\lg\omega \times (-20\mathrm{dB}) = 20\lg\frac{P_2}{P_1}(\mathrm{dB}) \tag{9.18}$$

经过化简可以得到 $P_2 = P_1/\omega$，令 $\zeta = P_2/P_1$ 为衰减系数，由此可见，衰减系数是角频率 ω 的倒数。

纯积分环节相频曲线是一条 −90°直线，通过 −90°，也就是说，经过纯积分环节之后，交流信号的相位会滞后 90°。

虚拟磁链为电网的电压的积分，所以虚拟磁链矢量相位要比电网电压滞后

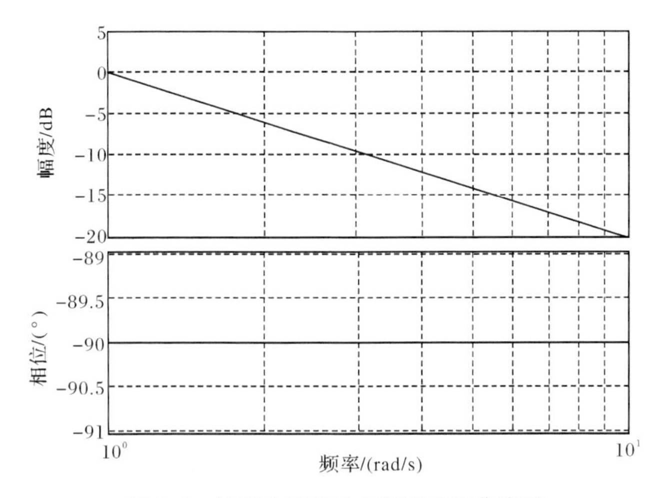

图 9.3　纯积分环节的幅频和相频曲线图

90°,通过磁链定位,将虚拟磁链矢量的位置定在了 d 轴,d 轴相位比电网电压滞后 90°。

9.2.3　基于虚拟磁链的瞬时功率的计算

20 世纪 80 年代有学者提出了三相电路的瞬时无功功率理论,并且在此后的研究过程中得到了不断的发展。

在电压和电流为周期信号的前提下,传统的有功功率的定义是瞬时功率的平均值。正因为其平均值定义方法,所以可以用它的定义去运用到三相平衡的正弦电路。但是对非正弦的电路来说,这种功率定义方法并不能描述这种电路,所以要采用瞬时功率的理论来定义这种电路。

根据三相电压型 PWM 整流器交流侧电压矢量的关系可知:

$$u_s = L\frac{\mathrm{d}i}{\mathrm{d}t} + \frac{\mathrm{d}}{\mathrm{d}t}\psi_r = L\frac{\mathrm{d}i}{\mathrm{d}t} + u_r \tag{9.19}$$

i^* 矢量代表电网电流矢量的共轭复数。运用复数的定义,可以得到三相 PWM 整流器瞬时有功功率 p 和瞬时无功功率 q:

$$p = \mathrm{Re}(u_s \cdot i^*) \tag{9.20}$$

$$q = \mathrm{Im}(u_s \cdot i^*) \tag{9.21}$$

根据估算得到的虚拟磁链,可以求得电网电压的估算值:

$$u_s = \frac{\mathrm{d}}{\mathrm{d}t}\bar{\psi}_s = \frac{\mathrm{d}}{\mathrm{d}t}(\psi_s \mathrm{e}^{\mathrm{j}\omega t}) = \frac{\mathrm{d}\psi_s}{\mathrm{d}t}\mathrm{e}^{\mathrm{j}\omega t} + \mathrm{j}\omega\psi_s \mathrm{e}^{\mathrm{j}\omega t} = \frac{\mathrm{d}\psi_s}{\mathrm{d}t}\mathrm{e}^{\mathrm{j}\omega t} + \mathrm{j}\omega\bar{\psi}_s \tag{9.22}$$

式中,$\bar{\psi}_s$ 代表虚拟磁链矢量的幅值。

把估算得到的电压矢量投影到两相静止坐标系中，可以得到下式：

$$u_s=\frac{\mathrm{d}\psi_s}{\mathrm{d}t}\Big|_\alpha+\mathrm{j}\frac{\mathrm{d}\psi_s}{\mathrm{d}t}\Big|_\beta+\mathrm{j}\omega(\psi_{s\alpha}+\mathrm{j}\psi_{s\beta}) \tag{9.23}$$

式中，$\psi_{s\alpha}$和$\psi_{s\beta}$代表虚拟磁链矢量在α-β坐标轴当中的投影分量大小。

把式(9.23)两边同时乘以电网电流的共轭复数，然后代入功率估算公式中，可以得到

$$u_s\cdot i^*=\left\{\frac{\mathrm{d}\psi_s}{\mathrm{d}t}\Big|_\alpha+\mathrm{j}\frac{\mathrm{d}\psi_s}{\mathrm{d}t}\Big|_\beta+\mathrm{j}\omega(\psi_{s\alpha}+\mathrm{j}\psi_{s\alpha})\right\}(i_\alpha-\mathrm{j}i_\beta) \tag{9.24}$$

把式(9.19)、式(9.20)和式(9.23)结合起来，可得瞬时有功功率和无功功率的计算式：

$$p=\left\{\frac{\mathrm{d}\psi_s}{\mathrm{d}t}\Big|_\alpha i_\alpha+\frac{\mathrm{d}\psi_s}{\mathrm{d}t}\Big|_\beta i_\beta+\omega(\psi_{s\alpha}i_\beta-\psi_{s\alpha}i_\alpha)\right\} \tag{9.25}$$

$$q=\left\{-\frac{\mathrm{d}\psi_s}{\mathrm{d}t}\Big|_\alpha i_\beta+\frac{\mathrm{d}\psi_s}{\mathrm{d}t}\Big|_\beta i_\alpha+\omega(\psi_{s\alpha}i_\alpha+\psi_{s\alpha}i_\beta)\right\} \tag{9.26}$$

在理想的电网中，由于虚拟磁链矢量的幅值基本上保持不变，所以其积分值大约等于零，所以根据式(9.25)和式(9.26)能够得到理想电网条件下的瞬时功率表达式为

$$\begin{cases}p=\omega(\psi_{s\alpha}i_\beta-\psi_{s\alpha}i_\alpha)\\q=\omega(\psi_{s\alpha}i_\alpha+\psi_{s\alpha}i_\beta)\end{cases} \tag{9.27}$$

9.3　直接功率控制

传统的直接功率控制，是通过检测电路得到的电压和电流的信号来估算虚拟磁链的幅值的相位，进而估算系统的瞬时有功功率和无功功率，然后选择开关矢量进行控制。

20世纪90年代，有学者提出了一种通过控制系统的有功功率和无功功率的控制器，用以代替传统的电流控制回路。在电网电压一定的时候，只要设置有功和无功功率，通过控制瞬时功率就可以间接控制电流。换句话说，就是通过控制瞬时功率就能对三相电压型PWM整流器进行控制，这也就是直接功率控制策略。直接功率控制策略有几个显著特点：

(1) 通过选择最优开关状态来直接对有功功率和无功功率进行控制；

(2) 省去了网侧电压传感器，不用对交流电压进行检测；

(3) 控制系统不含电流和电压调节模块；

(4) 通过交流侧电流、直流电压以及开关器件的状态估算有功功率和无功功率。

直接功率控制通过控制瞬时功率进而控制瞬时电流，能使网侧电流正弦化以

及使系统实现单位功率因数，与普通的电流控制策略相比，它的参数鲁棒性能较强，动态跟随性较好，功率因数比较高，谐波的失真比较低，而且程序和算法的设计简单，工作起来效率很高，因此得到了广泛的应用。传统的电压型直接功率控制整体的电路控制结构如图9.4所示。

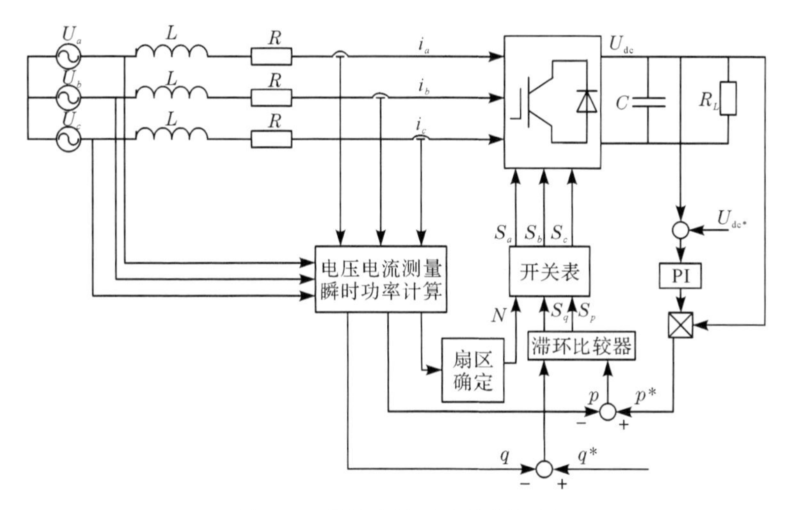

图9.4　传统直接功率控制框图

直接功率控制整流系统将矢量空间划分为12个扇区，如图9.5所示。

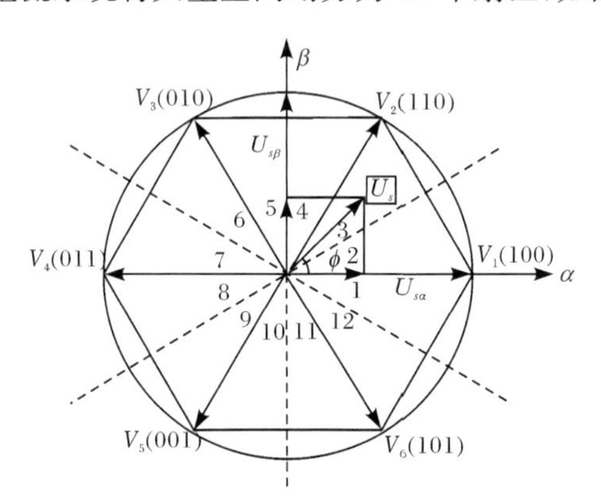

图9.5　电压矢量及空间划分图

整流桥由六个开关管组成，并且在同一桥臂的两管工作只能是互补导通，所以分为八种开关状态，用S_a、S_b、S_c表示，它们可能是(000,100,110,010,011,001,101,111)中的一个，把这几个状态分别表示为(V_0,V_1,V_2,V_3,V_4,V_5,V_6,V_7)。在这八种状态中，V_0和V_7表示零作用量，均记为V_0，所以实际上总共七种值，它们所代表的交流端输入的电压作用量以及相应$U_{s\alpha}$、$U_{s\beta}$值大小如表9.1所示。

表 9.1　整流器各电压空间矢量表

V_i	U_{ra}	U_{rb}	U_{rc}	$U_{s\alpha}$	$U_{s\beta}$
V_0	0	0	0	0	0
V_1	$2/3U_{dc}$	$-1/3U_{dc}$	$-1/3U_{dc}$	$\sqrt{2/3}U_{dc}$	0
V_2	$1/3U_{dc}$	$1/3U_{dc}$	$-2/3U_{dc}$	$\sqrt{1/6}U_{dc}$	$\sqrt{1/2}U_{dc}$
V_3	$-1/3U_{dc}$	$2/3U_{dc}$	$-1/3U_{dc}$	$-\sqrt{1/6}U_{dc}$	$\sqrt{1/2}U_{dc}$
V_4	$-2/3U_{dc}$	$1/3U_{dc}$	$1/3U_{dc}$	$-\sqrt{2/3}U_{dc}$	0
V_5	$-1/3U_{dc}$	$-1/3U_{dc}$	$2/3U_{dc}$	$-\sqrt{1/6}U_{dc}$	$-\sqrt{1/2}U_{dc}$

由图 9.5 可知，当前电压源参考电压矢量的相角为

$$\varphi=\arctan\left(\frac{U_\beta}{U_\alpha}\right),\quad -\frac{\pi}{6}\leqslant\varphi\leqslant\frac{11\pi}{6}$$

其所在的扇区由下式可以算出：

$$\pi(n-2)\frac{\pi}{6}\leqslant\varphi_n\leqslant(n-1)\frac{\pi}{6},\quad n=1,2,\cdots,12 \tag{9.28}$$

直接功率控制还需要预先编好一个开关表，在系统工作时从其中选取合适的开关状态。表 9.2 为传统的直接功率控制系统算法中采用的开关表。

表 9.2　传统直接功率控制系统采用的开关状态表

S_p,S_q	φ_1	φ_2	φ_3	φ_4	φ_5	φ_6	φ_7	φ_8	φ_9	φ_{10}	φ_{11}	φ_{12}
1 0	V_6	V_7	V_1	V_0	V_2	V_7	V_3	V_0	V_4	V_7	V_5	V_0
1 1	V_7	V_7	V_0	V_0	V_7	V_7	V_0	V_0	V_7	V_7	V_0	V_0
0 0	V_6	V_1	V_1	V_2	V_2	V_3	V_3	V_4	V_4	V_5	V_5	V_6
0 1	V_1	V_2	V_2	V_3	V_3	V_4	V_4	V_5	V_5	V_6	V_6	V_1

以上是传统直接功率控制的基本原理以及实现的方法。滞环比较器的环宽和开关表决定了控制性能的好坏，从表 9.2 中可以看出，如果参考电压矢量处在偶数扇区，瞬时有功功率误差信号 S_p 为 1，系统选用 V_1 或者 V_7 作为开关状态。使得在偶数扇区存在瞬时无功功率失控的现象，会影响系统控制性能，所以需要更好的实现方式。

9.4　基于虚拟磁链的直接功率控制系统的设计与实现

9.4.1　基于虚拟磁链的直接功率控制系统结构

在上面的章节部分，经过理论分析，我们把虚拟磁链的思想和直接功率控制相结合，利用虚拟磁链估算有功功率和无功功率，并进行矢量的定向，这种理论在

付诸实际的时候会遇到一些难以克服的技术问题，例如积分初值，这个问题的出现，对基于虚拟磁链的直接功率控制系统在实际中的控制性能造成了不良的影响。

如图 9.6 是基于虚拟磁链的 DPC 系统，它不同于传统 DPC 系统的地方是该系统去掉电网电压采样电路，VF 矢量的估算以及鉴相器代替了电网的电压矢量的鉴相器。功率以及 VF 估算的功能模块，分为下面的步骤，如图 9.7 所示。

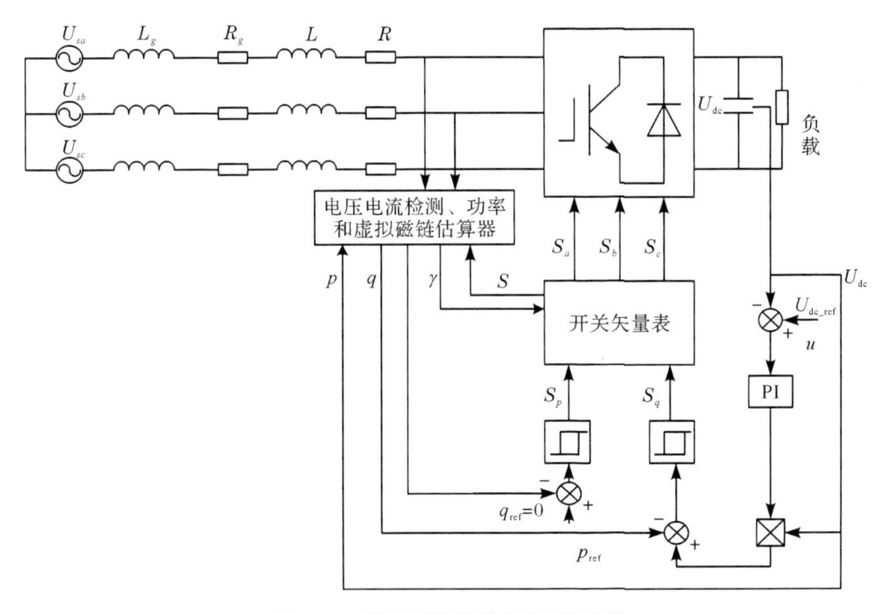

图 9.6　基于虚拟磁链的 DPC 系统

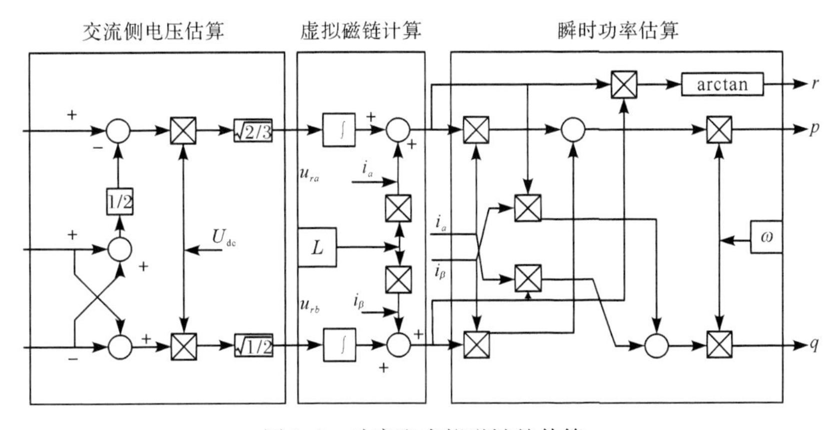

图 9.7　功率和虚拟磁链的估算

首先，运用开关函数和直流电压估算交流侧电压；其次，用交流侧电压、交流侧电流和电感值估算虚拟磁链；最后，用虚拟磁链对瞬时有功功率和无功功率进行估算，得到的结果对系统进行控制。

因为虚拟磁链的积分对系统产生了积极的影响，所以在非理想电网状态时基于虚拟磁链的直接功率控制系统性能良好。

接下来对电网处于不理想的状态时，电压定向和虚拟磁链定向的直接功率控制系统对比分析。传统的电压定向直接功率系统中，网侧带来的谐波会影响对瞬时功率估算的准确性，从而加入了干扰系统的谐波，也影响了滞环比较器的运行，进一步造成了电流谐波的出现。由于出现的谐波不同于电网的基波，这就对电网矢量扇区的判别出现误差，有可能让功率失控。另外基波的负序分量也会产生负序电流，危害了系统的稳定性。

在基于虚拟磁链的 DPC 系统中，电网电压角度被换为虚拟磁链矢量的角度。根据前面的推导得知，通过对电压积分可以求得虚拟磁链矢量，假设积分器具有低通滤波性能，使得谐波的衰减倍数增大。所以，基于虚拟磁链的直接功率控制系统中用虚拟磁链估计器代替传统的电压定向直接功率控制系统中的传感器，不仅可以解决过零漂移，还提高了定向的可靠性能。用虚拟磁链估算瞬时有功功率和瞬时无功功率还能克服在基波不平衡时，低次谐波对系统带来的消极影响。

9.4.2　积分初值问题

从积分定义可知，假如函数 $F(t)$是 $f(\tau)$的原函数，那么可以通过下面公式求得 $F(T)$对时间 τ 的积分：

$$\int_{t_1}^{t_2} f(\tau)\mathrm{d}\tau = F(t)\mid_{t_1}^{t_2} = F(t_2) - F(t_1) \tag{9.29}$$

由式(9.29)可以看出，只要得到原函数的形式和初始时刻 t_1 函数的初值，就可以计算出 t_2时刻积分。图 9.8 为离散域中纯积分的实现方法，迭代的计算式如下，这种算法需要知道 $k=0$ 时刻的准确初值 $Y(0)$：

$$Y(k)=Y(k-1)+[X(k)-X(k-1)]/2f_s \tag{9.30}$$

式中，f_s代表系统采样的频率。

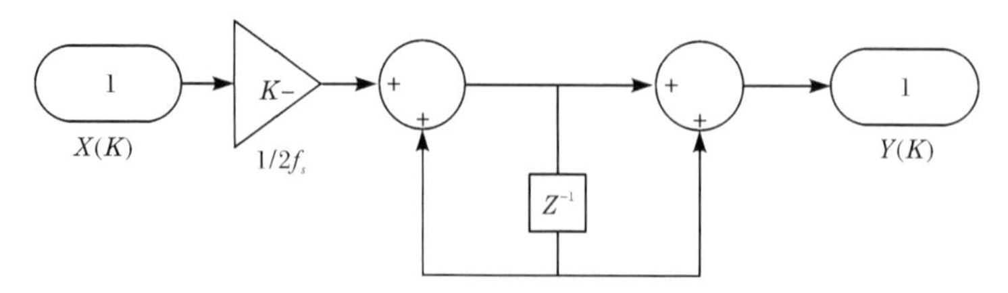

图 9.8　离散域中纯积分的实现方法

对比式(9.29)和式(9.30)可以发现，如果在系统中出现了直流的分量，那么经过纯积分器之后，输出的结果还会存在直流分量，所以说，由于没有得到电网磁链的初值，就不能对其积分，也就无法消除误差带来的直流分量。

这种情况下，通过纯积分器进行估算求得虚拟电网磁链，加上在直流分量中存在的初值的误差量，可以得到在 α-β 坐标系下的磁链的轨迹。使用这个磁链的轨迹得到空间的角度来定向，会使得空间扇区的判断不精确，影响了整个三相电压型 PWM 整流器的稳定性。在前端加入磁链观测器，可以在确保系统稳态性这一前提下找到初始虚拟电网的磁链准确的观测方法，很好地解决了前面遇到的问题。

有效观测 PWM 整流器虚拟的电网磁链的初值是解决问题的重点。假设 ω 已知，在稳态时，虚拟的磁链的矢量和电网的电压的矢量幅值关系为

$$\begin{cases}\psi_{s\alpha}=u_{s\beta}/\omega\\ \psi_{s\beta}=-u_{s\alpha}/\omega\end{cases}\tag{9.31}$$

当三相的桥臂输出了零电压矢量的时候，则有 $u_{r\alpha}=0$，$u_{r\beta}=0$，则式(9.14)可变为

$$\begin{cases}u_{s\alpha}=L\dfrac{\mathrm{d}i_\alpha}{\mathrm{d}t}\\ u_{s\beta}=L\dfrac{\mathrm{d}_{i\beta}}{\mathrm{d}t}\end{cases}\tag{9.32}$$

把式(9.31)代入式(9.32)可得

$$\begin{cases}\psi_{s\alpha}=\dfrac{L}{\omega}\dfrac{\mathrm{d}_{i\beta}}{\mathrm{d}t}\\ \psi_{s\beta}=-\dfrac{L}{\omega}\dfrac{\mathrm{d}_{i\alpha}}{\mathrm{d}t}\end{cases}\tag{9.33}$$

通过这种方法，增加几个零电压向量到三相电压型 PWM 整流器的前端部分，运用上面的公式和经过的电流观测虚拟磁链，可以得到其初值。由于整个电路没有过多的干扰量，因而得到的虚拟磁链的初值是比较可靠的。

这种方法存在一个明显的缺点：在不考虑交流阻抗的情况下，在添加零矢量时变换器被等效成电网的线电压经过交流侧的电感，这样会造成短路，形成一个瞬间的大电流，同时交流阻抗会出现一个大的压降，忽略它，会影响估算的准确度。

直接转矩的控制当中同样有相似问题。对定子侧的磁链估算时，纯积分方法存在一个明显的优势就是计算简单且电机的参数容易确定；缺点是输入信号易发生直流偏置，这样再进行积分，误差会进一步增大，因此在实际的操作过程中会采用一个低通滤波器来取代积分，这样就消除了直流偏置带来的误差，在滤波器的选择上要采用截止频率低的滤波器。由于电机惯性的影响，信号的相位会发生滞后现象，这就根据需要增添一个滤波信号来进行相位的滞后补偿。总的来说就是

使用一个一阶的惯性环节来取代纯积分电路，通过一阶惯性环节滤除电路中的直流分量。从原理上看，一阶惯性环节其实相当于一个纯积分器和一个一阶的高通滤波器相加，如图 9.9 中所示。不过初值不确定的情况时，高通的滤波器需要过段时间才可以消除直流偏置部分，这样 PWM 整流器在启动时动态响应的效果比较差，也无法确定相位的补偿大小。

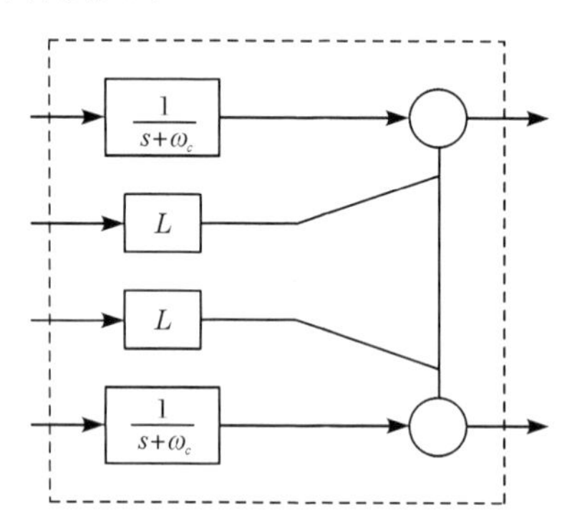

图 9.9　用一阶惯性环节代替纯积分器消除直流分量

因此本章提出了一种新型的设计方案即使用二阶环节取代传统的纯积分电路，它可以在基波频率附近被较好地等效成一个纯积分器。经过前面的分析我们可以得知，二阶环节在截止频率处惯性环节的增益是－2dB，它的相位要滞后 45°。如果将截止频率设置成基波的角频率，惯性环节会对基波的信号幅值衰减成$\sqrt{2}$倍(－3dB)，它的相位要滞后 45°，对高于 1 次谐波信号的衰减是 $1/\omega$，它的传递函数是式(9.34)。把这两个惯性进行环节级联，可以得到对基波的频率信号幅值衰减是 2 倍，其相位滞后 90°的二阶滤波器，它的传递函数是式(9.35)：

$$\frac{1}{\frac{s}{\omega_c}+1}=\frac{100\pi}{s+100\pi} \tag{9.34}$$

$$\left(\frac{1}{s/w_c+1}\right)^2=\left(\frac{100\pi}{s+100\pi}\right)^2=\frac{314^2}{s^2+628s+314^2} \tag{9.35}$$

基于虚拟磁链的直接功率控制系统能在电网条件不理想的状态下得到较好的控制性能，与此同时，它也存在着使用滞环比较器直接功率控制系统固有的缺点：

(1) 由于系统的开关频率是不固定的，这就使得输入滤波器设计的难度增大。

(2) 开关极性的不连贯会导致开关应力的增大。

(3) 采用滞环控制器的数字控制系统中采样频率的要求很高。

(4) 直接功率控制系统需要的数字处理器和 AD 芯片速度很高。

由于基于虚拟磁链的直接功率控制系统存在着这些不足之处，因此 VF-DPC

技术还无法应用于工业领域。不过，改造了调制方式之后，用空间矢量的调制器代替开关表就可以消除这些缺点。就是把基于空间矢量调制的直接功率控制思想引入到基于虚拟磁链的直接功率控制中，采用 SVPWM 调制和 PI 调节器，达到固定的开关频率控制。

这两种控制方式的区别是在于定向方式的不同，虚拟磁链的矢量角度 γ 比电网的电压的矢量角度 θ 滞后了 90°，也就是 $\theta=\gamma+\pi/2$。我们可以依据两相旋转的 d-q 坐标系到两相静止的 α-β 坐标系的变换的矩阵式以及这两个矢量角度之间的关系，得到虚拟的磁链矢量在定向时候变换的矩阵：$\begin{bmatrix} -\sin\gamma_{\psi s} & -\cos\gamma_{\psi s} \\ -\cos\gamma_{\psi s} & -\sin\gamma_{\psi s} \end{bmatrix}$。那么控制器输出和变换器侧的交流的电压的指令值之间的关系是：

$$\begin{bmatrix} u_{r\alpha} \\ u_{r\beta} \end{bmatrix}=\begin{bmatrix} -\sin\gamma_{\psi s} & -\cos\gamma_{\psi s} \\ -\cos\gamma_{\psi s} & -\sin\gamma_{\psi s} \end{bmatrix}\begin{bmatrix} u_{sp} \\ u_{sq} \end{bmatrix} \tag{9.36}$$

式中，u_{sp} 和 u_{sq} 分别是有功和无功的 PI 调节器输出。虚拟的磁链矢量角度能根据它在 α-β 坐标轴上的投影的分量值计算得到：

$$\sin\gamma_{\psi s}=\psi_{s\beta}/\sqrt{\psi_{s\alpha}^2+\psi_{s\beta}^2} \tag{9.37}$$

$$\cos\gamma_{\psi s}=\psi_{s\alpha}/\sqrt{\psi_{s\alpha}^2+\psi_{s\beta}^2} \tag{9.38}$$

VF-DPC-SVM 的控制系统结构如图 9.10 所示，它不单单包含了虚拟磁链方法的优点，经过改造控制系统之后，它还具有固定频率的 SVM 调制的方法优势，是一种非常理想的直接功率控制系统。

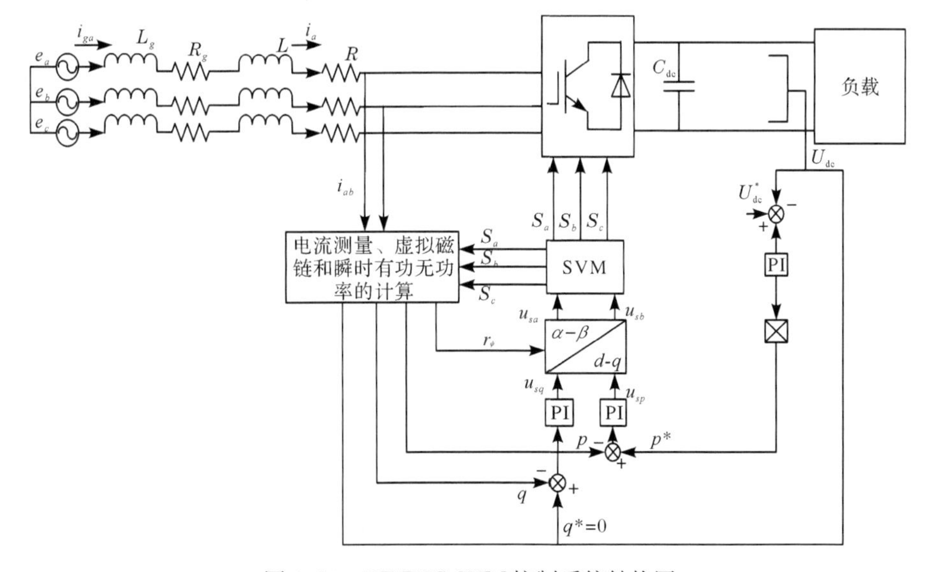

图 9.10　VF-DPC-SVM 控制系统结构图

9.5　仿真及结果分析

根据前文的理论分析，在 MATLAB 仿真软件的 Simulink 下搭建了系统的仿真模型。MATLAB 软件的矩阵运算和图形可视功能十分强大，是学术界应用十分广泛的一种工具。Simulink 是用于动态系统仿真的交互式系统，通过在计算机上面搭建各种控制框图，进而动态地控制系统。

针对传统的直接功率控制方案存在着开关频率高、系统稳定性差等缺点，本书提出了一种基于虚拟磁链的无电压传感器的直接功率控制，控制系统采用的是电压外环、功率内环的双闭环控制结构，主要的仿真结构分为下面几个部分：三相桥臂组成的整流桥、直流侧的电容和负载、电流电压采样模块、有功和无功功率模块等。

设定直流侧电压 U_{dc}^* 为 700V、直流侧反电动势 e_{dc} 为 0V 时，得到如图 9.11 和图 9.12 所示的仿真波形。

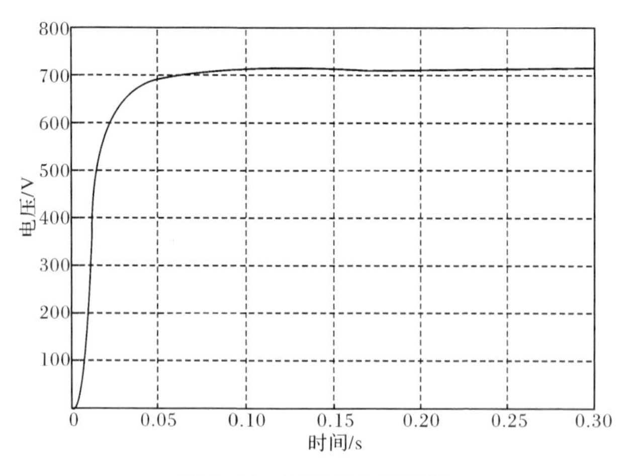

图 9.11　直流侧电压波形

图 9.11 中，直流侧电压从 0V 上升到 700V 需要不到 50ms 的时间，由此可以看出系统的动态响应速度很快。当时间 $t>50$ms 时，直流侧电压又迅速地达到稳定状态，大约是 700V，此时电压波形没有大的波动。从图 9.12 中可以看出，相电压在一开始阶段会有比较大的波动，经过一段时间之后会趋于稳定状态，电压还跟随着电流的变化而相应的变化，此时相电压与电流的相位相同，达到了系统所期望的控制目标，此时的功率因数为 1，进而实现了单位功率因数的运行，由此可以推断，基于虚拟磁链的直接功率控制系统在给定信号发生突变的情况下具有较好的调节能力，因此这种控制效果是比较理想的。

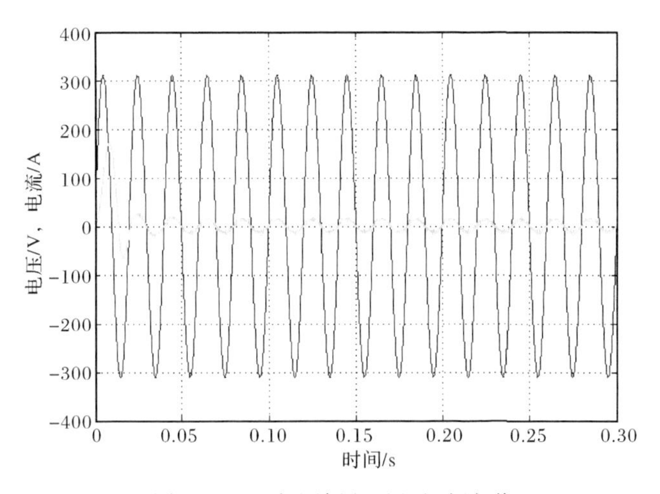

图 9.12　A 相网侧电压和电流波形

图 9.13 和图 9.14 所示为当给定的直流侧电压在 0.15s 时电压突加到 800V 时的仿真波形图。

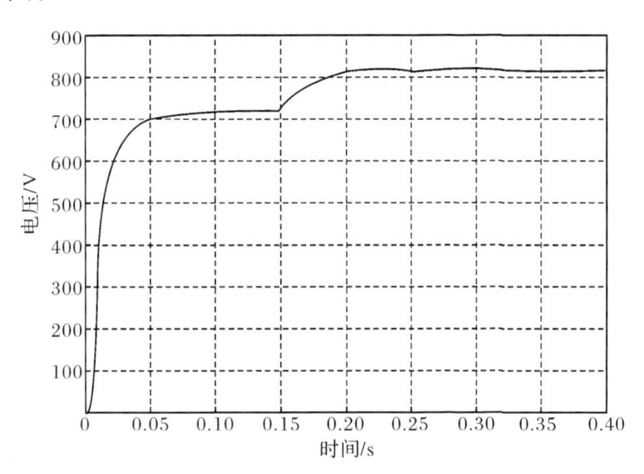

图 9.13　直流侧电压波形

从图 9.13 可以看出当直流侧电压给定值增加时，直流侧电压跟随给定值上升，但经过 0.05s 后又迅速稳定在给定值 800V 附近。从图 9.14 中可以看出交流侧相电流能够迅速跟随给定电压的变化而变化，相电压和相电流一直保持同相运行，所以该控制系统对于给定信号的突变具有快速的调节能力。从仿真波形分析上来看，该控制是有效可行的。

图 9.15 是有功功率 p 与无功功率 q 的变化波形图。从图中可以看出，在直流侧电压在给定值附近稳定时，无功功率为零，而有功功率则一直稳定在 4kW，说

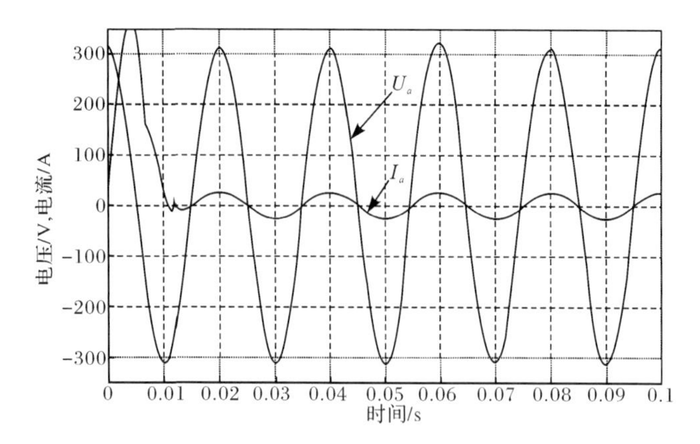

图 9.14　*A* 相网侧电压和电流波形

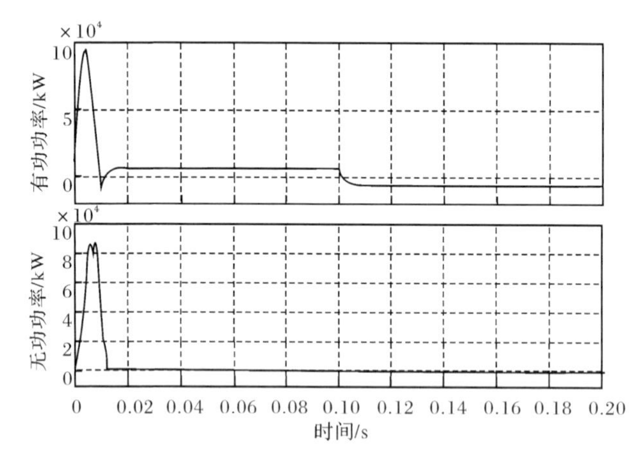

图 9.15　有功功率和无功功率

明系统此时的功率因数为 1,处于单位功率因数运行的状态。

通过上面的仿真结果的分析,可以看出基于虚拟磁链的直接功率控制系统的动态性能好,交流侧的正弦波形接近于正弦波,能量可以双向的流动,还能实现单位功率因数状态下的运行,表明了该控制方法的可行性。

9.6　本章小结

本章首先分析了 PWM 整流器的控制技术,根据内环控制器被控对象的不同,把控制策略分为基于电压定向的电流控制、基于虚拟磁链定向的电流控制、基于电压定向的直接功率控制和基于虚拟磁链的直接功率控制四种,并对这四种控制策略进行了分析和比较。而由于采用了滞环控制器,导致变换器的开关频率会在一定范围内发生变化,这样给滤波器的设计带来了不便。因此,本章将空间矢量调制的方法引入到了直接功率控制中,从而实现了固定的开关频率。

参考文献

[1] Karimi-Ghartemani M, Iravani M R. A method for synchronization of power electronic converters in polluted and variable-frequency environments. IEEE Transactions on Power Systems, 2004, 19(3): 1263-1270.

[2] Lee W C, Hyun D S, Lee T K. A novel control method for three-phase PWM rectifiers using a single current sensor. IEEE Transactions on Power Electronics, 2000, 15(5): 861-870.

[3] Malinowski M, Kazmierkowski M P, Hansen S, et al. Virtual-flux-based direct power control of three-phase PWM rectifiers. IEEE Transactions on Industry Applications, 2001, 37(4): 2369-2375.

[4] Bouafia A, Gaubert J P, Krim F. Predictive direct power control of three-phase pulsewidth modulation (PWM) rectifier using space-vector modulation (SVM). IEEE Transactions on Power Electronics, 2010, 25(1): 228-236.

[5] Monfared M, Rastegar H, Kojabadi H M. High performance direct instantaneous power control of PWM rectifiers. Energy Conversion & Management, 2010, 51(5): 947-954.

[6] Lee D C, Lim D S. AC voltage and current sensorless control of three-phase PWM rectifiers. IEEE Transactions on Power Electronics, 2002, 17(6): 883-890.

[7] Yang D, Ziguang L U, Hang N, et al. Novel quasi direct power control for three-phase voltage-source PWM rectifiers with a fixed switching frequency. Proceedings of the CSEE, 2011, 31(27): 66-73.

[8] Razali A M, Rahman M A, George G, et al. Analysis and design of new switching lookup table for virtual flux direct power control of grid-connected three-phase PWM AC-DC converter. IEEE Transactions on Industry Applications, 2015, 51: 1189-1200.

[9] Kwon B H, Youm J H, Lim J W. A line-voltage-sensorless synchronous rectifier. IEEE Transactions on Power Electronics, 1999, 14(5): 966-972.

[10] Agirman I, Blasko V. A novel control method of a VSC without AC line voltage sensors. IEEE Transactions on Industry Applications, 2003, 39(2): 519-524.

[11] Song H S, Joo I W, Nam K. Source voltage sensorless estimation scheme for PWM rectifiers under unbalanced conditions. IEEE Transactions on Industrial Electronics, 2003, 50(6): 1238-1245.

第 10 章　基于直流预励磁的矢量控制启动方案

10.1　引　　言

大功率感应电机如果直接启动，最大电流会达到电机额定电流的 5～7 倍，与此同时电机启动时的力矩并不大。过大的启动电流会使驱动电动机运行的电源电压下降，此外过大的电流会在电机内部产生损耗而引起发热，造成不良的影响，因此选择合理的启动方式对异步电机十分重要。

在一般情况下会采用降压启动的方法来降低电机启动时刻的电流，具体的方法有串电阻启动、三角形星形转换启动、自耦变压器启动等，但这些方法有局限性，如果系统对于启动转矩的要求不高时，可以选用上述方法，但是对于启动转矩要求较高的大功率感应电机启动中很难得到推广[1]。交流变频调速技术的发展不仅使交流调速的应用迎来新的发展，同时也产生了更为有效的、应用面更为广阔的电机启动方式，复合型的变压变频启动方式可使异步电机平滑启动而得到广泛应用。

目前，大功率感应电动机通常是采用变频启动方式的，矢量控制变频调速已经得到了大量的运用。虽然矢量控制变频调速在电机运行中的调速效果不错，但是其启动性能还是不尽如人意。感应电机采用一般矢量控制变频技术时的启动尖峰电流仍然会达到稳态电流的 3～5 倍。尤其是在矿井提升机的实际生产中，电机不可避免地要经常进行往复运动，需要频繁的启制动。所以频繁地过大启动电流会造成系统一些关键部位的开关器件瞬间温度变化较大，严重时会造成器件的损坏，可能还会造成整个矿井提升机系统的故障。为了减小感应电机启动时刻过大的尖峰脉冲电流，直流预励磁方案是一种比较好的解决方案。通过新型直流预励磁复合控制方案，可以将电机启动时刻的电流适当减小，同时也可以保证比较大的转矩。

10.2　直流预励磁矢量控制启动方法

直流预励磁方案是在间接矢量控制的基础上所产生的思想，在电机启动之前，首先，在电机内部建立一个磁场，并且将转子磁链准确地定向在电机的某一相绕组的中心线上，目的是使电机启动之前就有励磁电流在电机内部[2]。然后，当电机启动后再转换到常规的矢量控制算法，电机通过直流预励磁的预先励磁作用从而在电机内部构建磁场，避免了启动电流过大的现象。直流预励磁的系统原理图如图 10.1 所示。

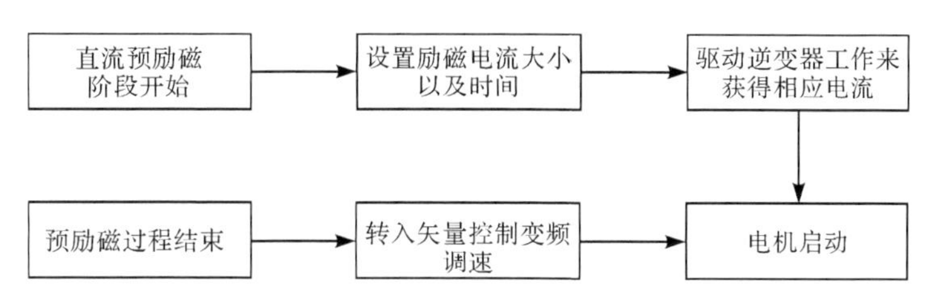

图 10.1　直流预励磁系统原理图

如图 10.1 所示，在电机启动时，首先在感应电机启动之前预先设定转子磁链初相角、转矩电流、励磁电流这三个数值。电机启动时的初相角的值设定为零，就是令转子磁链和电机 A 相绕组的中心线相重合；将转矩电流的值设定为零，意思就是励磁过程中保证没有转矩输出；还有就是把励磁电流的幅值根据实际参数进行相应设置。电机启动后，预励磁完毕后，转为常规矢量控制，这时再让转矩电流进行增加，可以起到抑制切换时电流波动的作用，可以保证定子电流在启动过程中平滑上升，抑制超调的现象。

系统方案控制时序图如图 10.2 所示。图中 t_0 时刻为电机开始进行预励磁的时刻，也就是开始预先向电机通入直流电流的时刻。$t_0 \sim t_1$ 阶段为整个直流预励磁作用的时间，t_2 为系统转入常规矢量控制的时间点。

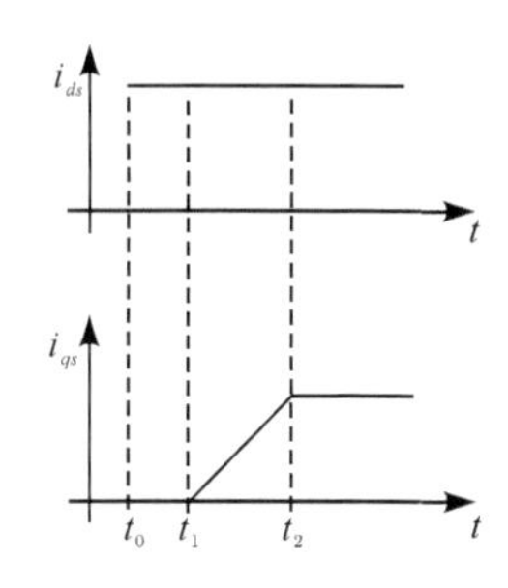

图 10.2　系统方案控制时序图

10.2.1　直流预励磁矢量控制中励磁电流及转矩电流分析

交流异步电动机的稳态数学模型如下图所示，先从稳态数学模型来了解电机理想的稳态控制性能。根据电机学相关知识，假定如下几个条件：①忽略空间上和时间上的谐波；②不考虑电路中磁饱和的现象；③忽略电机损耗。异步电动机的稳态电路如图 10.3 所示[3,4]。

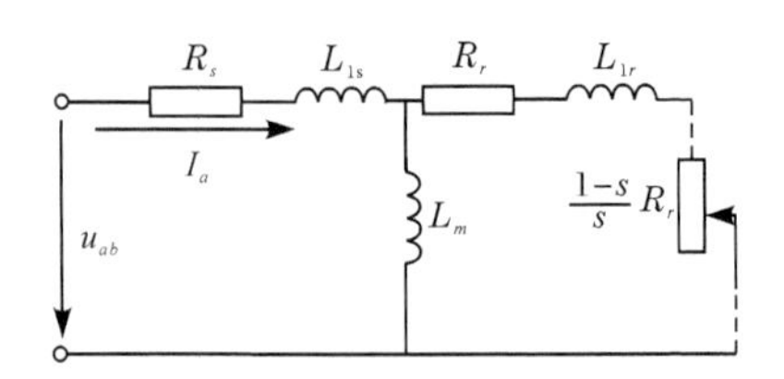

图 10.3　异步电动的稳态电路

同时也可得异步电动机的电磁转矩为

$$T_e=\frac{3\rho_n U_s \frac{R_r'}{s}}{\omega_1\left[\left(R_s+\frac{R_r'}{s}\right)^2+s\omega_1^2(L_{1s}+L_{1r}')^2\right]} \tag{10.1}$$

将 $\omega_1=2\pi f_1$ 代入式(10.1)中同时不考虑分母中所有含有 s 的项，则可推导出下式：

$$T_e=\frac{3p_n^2}{2\pi R_r'}\left(\frac{U_s}{f_1}\right)^2 sf_1 \tag{10.2}$$

从式(10.1)和式(10.2)可知，在电机正常运转时，当电机定子电源电压和定子频率的比值为恒值时，电机的电磁转矩是与定子频率成正比的，通过改变定子的频率就可以调节电机的电磁转矩。

$$n=n_0(1-s)=\frac{60f_1}{n_p}(1-s) \tag{10.3}$$

$$E_s=4.44f_1KN_s\Phi_m \tag{10.4}$$

矢量控制通常采用转子磁链定向的方法，我们必须首先研究定子电流与转子磁链的关系，通过分析两者的数学关系式进行深入了解。首先研究感应电机在同步坐标系下的电机电压方程及电机的磁链方程：

$$\begin{aligned} i_{ds}&=\frac{1}{\sigma_r L_m}[(\sigma_r+p)\psi_{dr}-\omega_s\psi_{qr}] \\ i_{qs}&=\frac{1}{\sigma_r L_m}[(\sigma_r+p)\psi_{qr}+\omega_s\psi_{dr}] \end{aligned} \tag{10.5}$$

由式(10.5)可得

$$i_s=\sqrt{i_{ds}^2+i_{qs}^2}=\sqrt{\frac{\sigma_r^2+\omega_s^2}{(\sigma_r L_m)^2}(\psi_{dr}^2+\psi_{qr}^2)} \tag{10.6}$$

从式(10.6)可以看出，转差频率和转子磁链在 d、q 轴上的分量决定了电机定子的电流。因为感应电机的启动过程存在一个缓慢变化的过程，在这期间由于电机参数的波动性以及转子磁链初相角的不确定性将导致转子磁链方向和理想的方向存在一些偏差，即转子磁链在 q 轴上的分量不为零。因为异步电机的励磁和转矩系统存在耦合现象，这两个系统的分量动态耦合变化，最终导致电机启动时刻定子上的电流可能出现尖峰电流。

10.2.2　直流预励磁矢量控制中磁链相角分析

假设实际输入到定子的三相电流为

$$
\begin{aligned}
i_A &= \sqrt{2}I\cos(\omega_{1t}+\varphi_0) \\
i_B &= \sqrt{2}I\cos(\omega_{1t}-2\pi/3+\varphi_0) \\
i_C &= \sqrt{2}I\cos(\omega_{1t}+2\pi/3+\varphi_0)
\end{aligned} \tag{10.7}
$$

经过坐标变换后

$$
\begin{bmatrix} i_{ds} \\ i_{qs} \end{bmatrix} = \sqrt{\frac{2}{3}} \begin{bmatrix} \cos\theta_0 & \sin\theta_0 \\ -\sin\theta_0 & \cos\theta_0 \end{bmatrix} \begin{bmatrix} 1 & -\frac{1}{2} & -\frac{1}{2} \\ 0 & \frac{\sqrt{3}}{2} & -\frac{\sqrt{3}}{2} \end{bmatrix} \begin{bmatrix} i_A \\ i_B \\ i_C \end{bmatrix} = \begin{bmatrix} \sqrt{3}I\cos(\theta_0-\varphi_0) \\ -\sqrt{3}I\sin(\theta_0-\varphi_0) \end{bmatrix} \tag{10.8}
$$

在预励磁方案理想的情况下，要想使电机启动时刻的励磁电流保持最大，我们必须把电机初始的转子磁链和 A 相绕组相重合，使定子 A 相电流的初始相角为零，此时转矩电流为零[5]。但是在电机实际运行中参数设置可能出现偏差，同时整个动态调节过程不可能瞬间生效，故造成两个参考坐标系的初相角并不能保持相同，因此造成电机实际输出的转子磁链并不能定位在 A 相绕组的中心线上。

本书所用矢量控制系统的参数实际上只有磁链幅值是前馈给定的，其他参数例如磁链相角仍旧是通过反馈环节积分得到的。我们知道，感应电机从启动到稳定运行是一个过渡过程，但是在实际运行时，电机内部会因为一些参数的变化，造成磁场定向不准。由于磁场的定向不准可能会造成励磁不足或是励磁过大的现象，此时励磁电流将会在 q 轴上产生分量，不能和 q 轴进行完全重合，大概的效果如图 10.4 所示。所以根据上述推导的公式可知电机的定子电流将会比电机稳定运行时的电流略大从而形成尖峰电流。同时若是在一开始就采用直接矢量控制时，电机实际磁链是通过磁链观测器得到的，当电机启动时，由于电机的转速很低，得到的转子磁链方向仍然存在一定程度的误差[6]。

矢量控制从本质上是将电机的励磁子系统和电机转矩子系统之间的耦合关系消除。消除耦合的主要控制方法有两个：一是尽量控制电机的磁链大小不变，电机励磁系统上的磁链如果保持恒定，那么励磁子系统对转矩子系统的耦合作用也就得到了消除；另一个方法就是在电机转矩子系统的计算中，通过积分以及相应的数学计算来消除励磁子系统对转矩子系统的耦合影响，通过转矩上的电压方程的变化来达到目的。

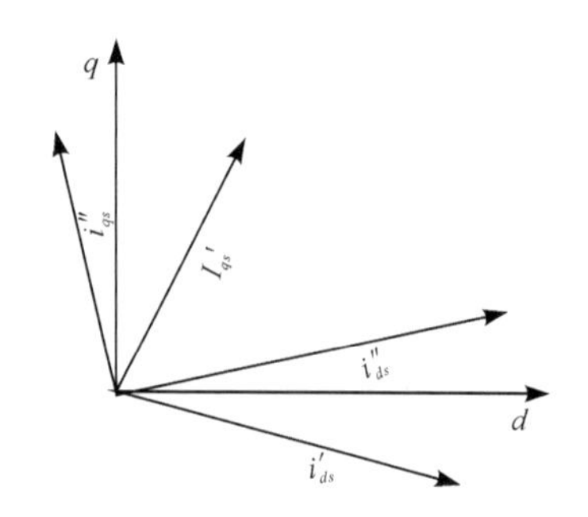

图 10.4　磁场定向可能产生的分量

大功率电机的启动过程中，电机的励磁电流和转矩电流由于耦合关系同时在变化，同时电机内部的时间常数会对整个电机系统产生滞后的影响[7]，电机参数会与理论值有出入，因为这些原因就会使上述的两种方法不能得到很好的实现。

10.2.3　传统矢量控制启动和直流预励磁启动的比较

直流预励磁启动方案的主要特点有以下几点：

(1) 励磁电流的大小必须由实际电机参数计算而得，然后再经过仿真的对比分析，得出最佳励磁电流的大小。在实际生产中，当矿井提升机的负载变化时，若直流预励磁的励磁电流保持不变，将会影响电机的机械特性，实际输出的功率将增加，电机向电网发出的虚功率将减小。此时可能需要适当地调整预励磁相关系数。

(2) 在不同的情况下励磁电流需相应地调整功率因数，当负载恒定时，调节预励磁的励磁电流就可以相应地改变电网与电机间功率的分配。此时电机的实际功率为常数，在一定范围内功率因数必须进行连续调节。一般情况下，控制功率因数恒定为 1。但在一些负载特殊变化的情况下，需要对电网进行无功补偿。

(3) 需要设置预励磁的励磁电流相关保护功能，根据实际电机电流曲线，当预励磁电流没有达到相关要求时[8]，电机就会进入不稳定的状态，严重时甚至会造成一定的危险。所以应该根据功率的实际要求来设置最小励磁电流保护功能，同时励磁电流不能过大，否则可能会造成电机运行一段时间后因为发热过大而损坏。

启动性能对于大功率电机有着重要的意义，传统矢量控制虽然可以实现电机运行过程中调速的作用，但是对于电机启动时瞬间的大电流却无能为力。同时由于大容量异步电机转动时的惯量大，启动时需要有足够的启动转矩来带动电机以克服电机本身的静摩擦转矩。尤其是在类似矿井提升机这种大功率启动机械中，传统的矢量控制方法有诸多不足之处。

10.1 节中，我们分析了为何传统矢量控制启动性能不足的几个主要原因，并由此初步构想了直流预励磁启动方案应该采取的措施。在启动初期，使用预励磁控制驱动策略，控制六路晶闸管的导通，使电机的三相定子分别通入相应的直流电流，这样就可以提前先建立磁场，随后等到电机稳定启动后，再切换到常规的矢量控制算法。

将转矩电流的值设定为零，意思就是励磁过程中保证没有转矩输出；还有就是把励磁电流的幅值根据实际参数进行相应设置。电机启动后，当预励磁启动控制切换到常规矢量控制时，转矩电流进行上升，具体参数指令使之符合斜坡函数，可以起到抑制切换时电流波动的作用，可以保证定子电流在启动过程中平滑上升，抑制超调的现象。该启动控制方案通过预励磁控制完成初相角的定向并且转子磁链幅值也被相应设置，当电机磁链进入稳态后再进行转矩电流的相应控制，整个过程可以实现励磁和转矩两个子系统的动态解耦。

由图 10.5 可以看出，改进后的 VC 脉冲发生器的 I_q的值为固定的，启动后切换到矢量控制时 I_a、I_b、I_c输出的波形类似于正弦波，从而使电机三相输出的电流保持稳定。

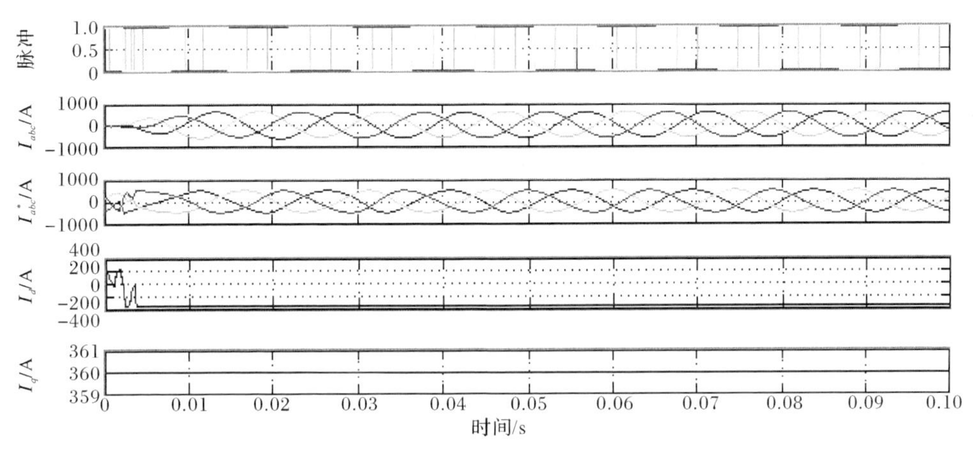

图 10.5　改进 VC 的脉冲发生器波形

10.3　基于矢量控制的直流预励磁启动方案模型

10.3.1　直流预励磁控制中励磁电流、转矩电流取值原则

当矿井提升机系统直接启动电机时，外部三相电还未进入电机，所以此时励磁系统处于刚开始状态，电机内部磁场强度几乎没有，启动时的电压矢量几乎完全作用在定子漏抗上，容易造成 10.2 节说的过励磁产生过电流[9]。如果在电机启动之前建立相应的磁场，可以减小过大的启动电流。直流预励磁方案，就是在电机启动前在电机的输入端加以直流电流，可以预先建立磁场。

因为定子电流

$$i_s=\sqrt{i_{ds}^2+i_{qs}^2}=\sqrt{\left(\frac{T_r p+1}{L_m}\psi_{dr}\right)^2+\left(\frac{2L_r}{3n_p L_m\psi_{dr}}T_e\right)^2} \tag{10.9}$$

由式(10.9)可知：当且仅当 $i_{ds}=i_{qs}$ 时，定子电流取得最小值。此时每单位定子电流产生的转矩值最大，也就是转矩/电流比最大。按照这个思路，假定式中电磁转矩 T_e 为额定转矩，并且由此来确定转子磁链幅值，也可以保证电机启动时定子电流取得最小值，使尖峰电流变小。

预励磁启动方案中，为了消除励磁子系统对转矩子系统的耦合，需要将转矩电流给定值设为零。同时，励磁电流和转矩电流经过相应的坐标变换后，得到三相定子电流给定值如下：

$$\begin{bmatrix} i_A \\ i_B \\ i_C \end{bmatrix}=\frac{2}{3}\begin{bmatrix} \cos\theta & \sin\theta & 1 \\ \cos(\theta-120^\circ) & \sin(\theta-120^\circ) & 1 \\ \cos(\theta+120^\circ) & \sin(\theta+120^\circ) & 1 \end{bmatrix}_{\theta=0^\circ}\begin{bmatrix} i_{ds} \\ i_{qs} \\ i_{os} \end{bmatrix}=I\begin{bmatrix} 1 \\ -1/2 \\ -1/2 \end{bmatrix} \tag{10.10}$$

式中，$I=\frac{2}{3}\frac{\sqrt{2L_r T_e/(3n_p)}}{L_m}$。

由式(10.10)可以看出，预励磁期间通入电机的电流 B、C 相电流幅值相等、方向相同。B 或 C 相电流等于 A 相电流的一半，方向与 A 相的电流方向相反，通过驱动晶闸管的开关向电机内部通入直流电流。

10.3.2　直流励磁时间选取原则

当电机启动磁场尚未完全进入稳态时，三相电流的变化规律满足

$$\begin{bmatrix} i_A(t) \\ i_B(t) \\ i_C(t) \end{bmatrix}=I\begin{bmatrix} 1 \\ -1/2 \\ -1/2 \end{bmatrix}(1-e^{-(t-t_0)/T_r}) \tag{10.11}$$

式中，T_r 为电机转子回路的时间常数，$T_r=L_r/R_r$ 根据实际参数来确定。

励磁时间的选取的原则主要由两方面的因素决定：进行直流预励磁时励磁的时间不能太短，否则通过电流建立的磁场不够充分，会引起输出转矩不够；另外，直流预励磁时励磁时间又不能选取得太长，否则会增加启动时间，不利于实际的生产。所以根据上述公式并结合实际测试将励磁时间取为 $5T_r$。

10.4　仿真及结果分析

整体矢量控制还是选用 SVPWM 矢量控制仿真原理图，预励磁方案是在矢量控制图的基础上另外设置驱动程序来驱动晶闸管的导通，使之通以直流电流[10]。电机启动时的初相角的值设定为零，就是将转子磁链定位在 A 相绕组的中心线

上;将转矩电流的值设定为零,就是励磁过程中保证没有转矩输出;还有就是把励磁电流的幅值根据实际参数进行相应设置。电机启动后,当预励磁启动控制切换到常规矢量控制时,转矩电流进行上升,具体参数指令使之符合斜坡函数,可以起到抑制切换时电流波动的作用,可以保证定子电流在启动过程中平滑上升,抑制超调的现象。

该启动控制方案(图 10.6)通过预励磁控制完成初相角的定向并且转子磁链幅值也被相应设置,当电机磁链进入稳态后再进行转矩电流的相应控制,整个过程可以实现励磁和转矩两个子系统的动态解耦[11]。

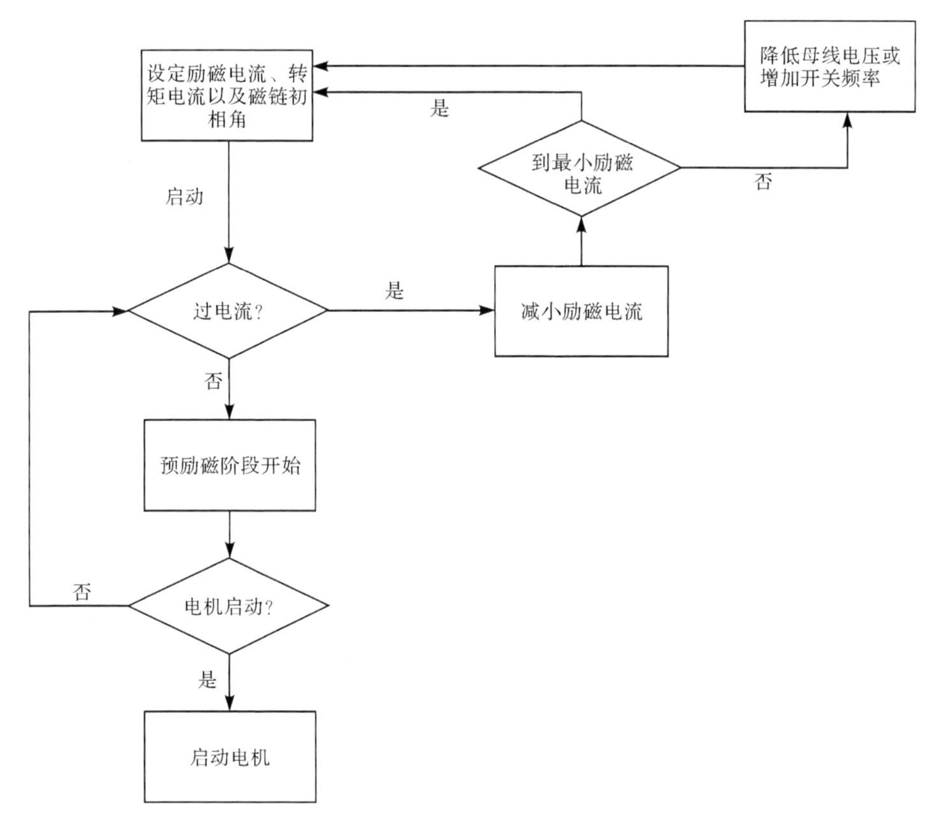

图 10.6　系统原理流程图

由图 10.7 和图 10.8 可以看出,未采用预励磁启动时,启动的电流峰值接近 10A,乘以检测电路的分压倍数,发现启动时刻的尖峰电流过大。而采用预励磁启动方案后,可以看出启动时刻的电流峰值在 5A 左右,同时电机三相电流平稳上升,减小了启动时刻的尖峰电流。从图 10.9 可以看出直流预励磁阶段电机转矩响应也相对较快。

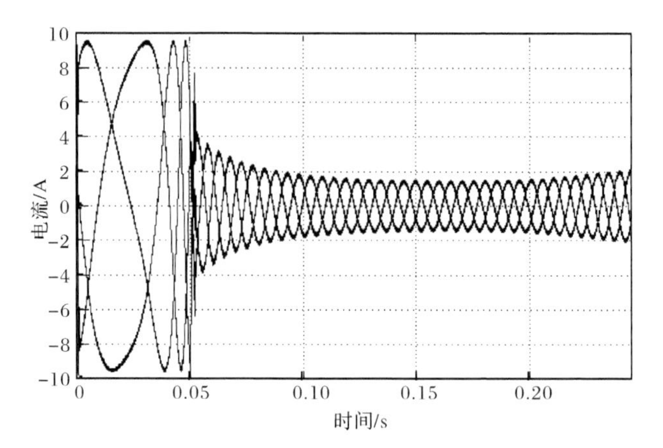

图 10.7　未采用直流预励磁方案的电机三相电流

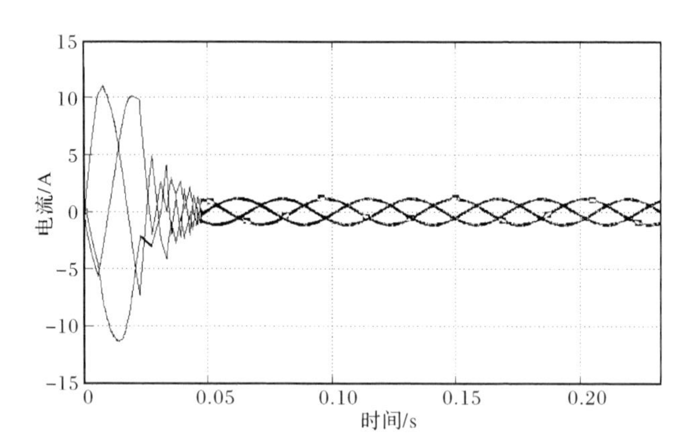

图 10.8　采用直流预励磁启动方案后的电机三相电流

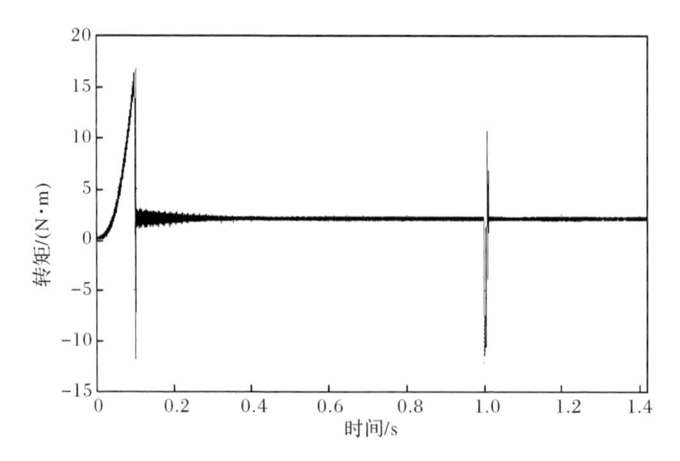

图 10.9　采用直流预励磁启动方案后的电机的转矩

10.5 本章小结

大功率感应电动机通常是采用变频启动方式的，矢量控制变频调速已经得到了大量的运用。虽然矢量控制变频调速在电机运行中的调速效果不错，但是其启动性能还是不尽如人意。为了抑制感应电机变频启动时过大的启动电流，本章提出了一种合理的控制方案——直流预励磁方案。本章主要说明了通过新型直流预励磁复合控制方案，电机可以实现启动过程中励磁子系统和转矩子系统的动态解耦，启动电流平滑上升且输出转矩响应快。

参考文献

[1] 白华，赵争鸣. 三电平高压大容量变频调速系统中的预励磁方案. 电工技术学报，2007，22(11)：91-97.
[2] 马小亮. 异步电动机矢量控制(一). 电气传动，2010，40(9)：4-10.
[3] 金海. 三相异步电动机磁链观测器与参数辨识技术研究. 杭州：浙江大学博士学位论文，2006.
[4] 陈振锋，钟彦儒，李洁，等. 转子电阻变化对电力牵引感应电机起动转矩的影响. 电工技术学报，2011，26(6)：12-17.
[5] Banaei M R，Salary E. New multilevel inverter with reduction of switches and gate driver. Energy Conversion and Management，2011，52(2)：1129-1136.
[6] Kang F S. A modified cascade transformer-based multilevel inverter and its efficient switching function. Electric Power Systems Research，2009，79(12)：1648-1654.
[7] 张杰，柴建云，孙旭东，等. 基于参数在线校正的电动汽车异步电机间接矢量控制. 电工技术学报，2014，29(7)：90-96.
[8] 赵莉华，曾成碧. 电机学. 北京：机械工业出版社，2009.
[9] 舒辉，文劲宇，罗春风，等. 含有非线性环节的发电机励磁系统参数辨识. 电力系统自动化，2005，29(6)：67-72.
[10] 谢宝昌，任永德. 电机的 DSP 控制技术及其应用. 北京：北京航空航天大学出版社，2005.
[11] 李永东. 交流电机数字控制系统. 北京. 机械工业出版社，2001.

第 11 章　基于交流预励磁的矢量控制启动方案

11.1　引　　言

在第 10 章的内容中，主要介绍了异步电机直流预励磁的方案。直流预励磁控制方案能有效减小电机启动时的尖峰电流，使电机启动过程更为平稳。既然在电机启动之前可以通以直流电流可以奏效，那么是否通以交流电流也能起到类似的作用，通以交流电流相比于直流电流有哪些方面的优势，这些问题需要进一步地探究。在本章中将介绍交流预励磁的启动方案。

11.2　交流预励磁矢量控制启动方法

对于直流预励磁方案，如果拖动的负载一定的情况下，直流预励磁建立的磁场幅值不够或者过度，都会使定子电流其中的某个分量过大，这样就会导致启动电流过大同时输出转矩不足。同时变频器系统的开关频率可能不够高，输出的电压电流谐波成分可能较大。例如，若是调速系统采用 IGCT 开关器件，其标称最小脉宽为 10μs，但是因为在实际情况中需要留有一定的裕度，最小脉宽需要适当放大。但是经过放大后，电压可能会出现失真偏大的现象，这样就可能会造成励磁电流的不准确[1]。同时一般的大功率变频器的开关频率不宜设置得过高，这就使得直流预励磁方案有一定的局限性。图 11.1 为直流预励磁仿真中 d 轴电流变化，可以看出开始阶段电流过大，出现过流现象。

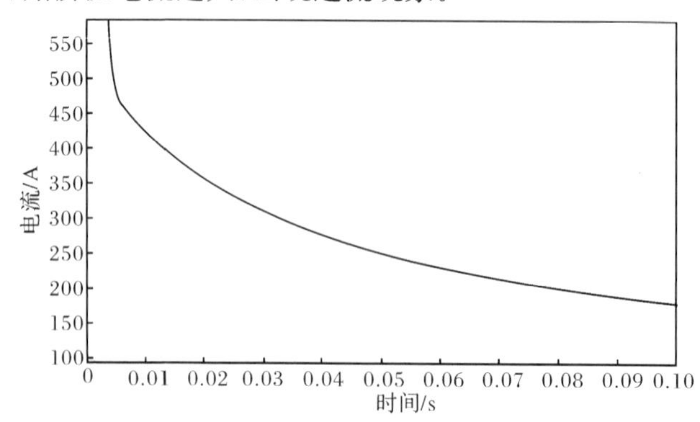

图 11.1　直流预励磁仿真中 d 轴电流

交流预励磁方案也是基于间接矢量控制的思想，在电机启动之前，向电机内通以交流电流，使之建立起旋转的磁场，接下来在电机启动后采用传统的矢量控制变频策略，因为采取了和直流预励磁类似的交流预励磁控制策略，所以电机的励磁子系统和电机的转矩子系统可以完全解耦[2]。通过交流预励磁后，既可以避免电机启动时刻过大的启动电流，又可以使一些不适用于直流预励磁的系统得以安全可靠地启动。

系统的整个原理图跟直流预励磁方案类似，如图 11.2 所示。电机启动时的初相角的值设定为零，这样就可以使转子磁链和某相绕组相重合；同时将转矩电流的值设定为零，就是励磁过程中保证没有转矩输出，保证励磁电流最大；还有就是把励磁电流的幅值根据实际参数进行相应设置。电机顺利启动后再根据矢量控制相应的控制算法对励磁电流和转矩电流进行相应的配置，可以保证定子电流在启动过程中平滑上升，抑制超调的现象[3]。在预励磁阶段通过合理地设置励磁电流，并且使转矩电流为零。方案的控制时序、矢量变化情况如图 11.3 所示。图中 t_0 时刻为交流预励磁启动的时间点，就是系统开始进行交流预励磁。$t_0 \sim t_1$ 阶段为电机启动前的交流预励磁整个励磁时间，t_2 为电机启动后转入矢量控制的时间点。

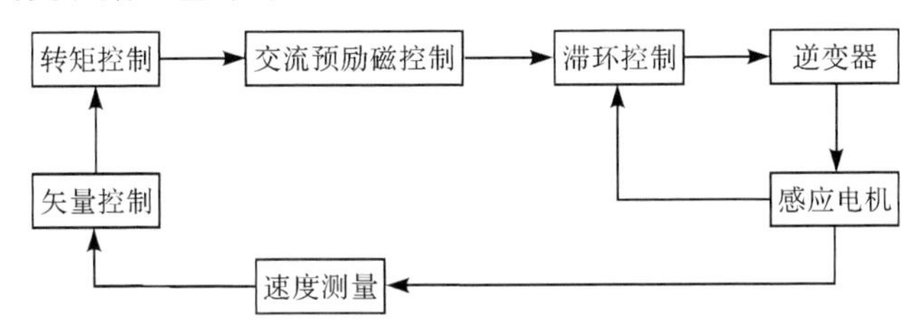

图 11.2　交流预励磁系统原理图

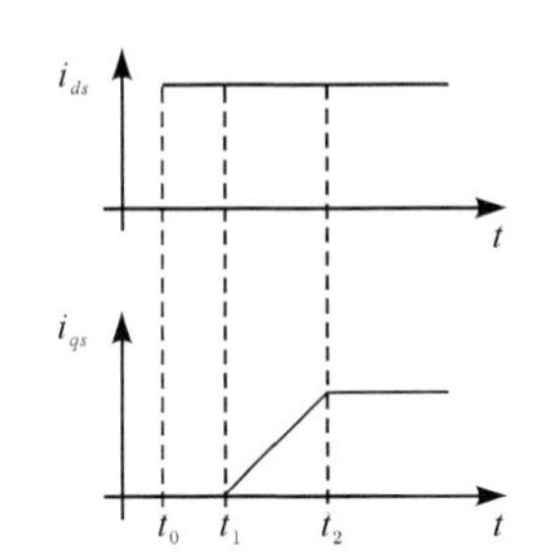

图 11.3　系统方案控制时序图

不同于直流预励磁，交流预励磁具有以下特点：①在电机的交流电压作用之前先通入 v/f 比值较低的交流电压，利用该方法可以避免大电流；②随着时间的增加将 v/f 的比值进行加大，同时使定子电流在允许范围内浮动，整个过程中可以保证电磁转矩输出的稳定。假定电机启动之前，转差为 1，忽略电机磁饱和、定子电阻发热等这些因素，启动时刻变频器输出保护动作电流值为 I_0，电机静摩擦

转矩为 T_0，则电机启动电流和启动转矩应满足

$$T_{st}=\frac{3pU_0^2r_2'}{2\pi f_0[(r_1+r_2')^2+(2\pi f_0)^2(L_1+L_2')^2]}>\frac{T_0}{n^2}$$

$$i_{st}=\frac{U_0}{\sqrt{(r_1+r_2')^2+(2\pi f_0)^2(L_1+L_2')^2}}<\frac{I_0}{n^2} \tag{11.1}$$

同时，因为变频器最小脉宽有限制，会使电机输出端电压不能无限低，也就是 $U_0\geqslant k_0\frac{U_{dc}}{\sqrt{2}}$。

11.2.1　交流预励磁矢量控制中励磁电流及转矩电流分析

类似于直流预励磁方案，为了分析交流预励磁方案中励磁电流以及转矩电流，必须将电机定子电流与转子磁链进行分析。根据感应电机在同步坐标系下的电压方程及磁链方程可得

$$\begin{aligned}i_{ds}&=\frac{1}{\sigma_r L_m}[(\sigma_r+p)\psi_{dr}-\omega_s\psi_{qr}]\\ i_{qs}&=\frac{1}{\sigma_r L_m}[(\sigma_r+p)\psi_{qr}+\omega_s\psi_{dr}]\end{aligned} \tag{11.2}$$

式中，i_{ds} 为变换后的励磁电流；i_{qs} 为变换后的转矩电流。

消除耦合的主要控制方法有两个：一是尽量控制电机的磁链大小不变，电机励磁系统上的磁链如果保持恒定，那么励磁子系统对转矩子系统的耦合作用也就得到了消除[4]；另一个方法就是在电机转矩子系统的计算中，通过积分以及相应的数学计算来消除励磁子系统对转矩子系统的耦合影响，通过转矩上的电压方程的变化来达到目的[5]。

大功率电机的启动过程中，电机的励磁电流和转矩电流由于耦合关系同时在变化，同时电机内部的时间常数会对整个电机系统产生滞后的影响，电机参数会与理论值有出入，因为这些原因就会使上述的两种方法不能得到很好的实现。交流预励磁方案的电机 d-q 轴电流对比如图 11.4 所示。

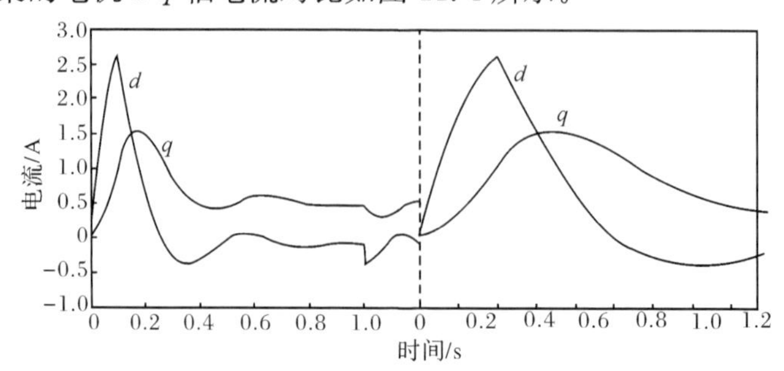

图 11.4　采用预励磁方案前后电机 d、q 电流对比

11.2.2　交流预励磁矢量控制中磁链相角分析

由第 10 章可知通向电机定子的三相电流为

$$
\begin{aligned}
i_A &= \sqrt{2}I\cos(\omega_1 t + \varphi_0) \\
i_B &= \sqrt{2}I\cos(\omega_1 t - 2\pi/3 + \varphi_0) \\
i_C &= \sqrt{2}I\cos(\omega_1 t + 2\pi/3 + \varphi_0)
\end{aligned}
\tag{11.3}
$$

式中，φ_0 为电机 A 相电流的相位初始角，变为矩阵形式如下：

$$
\begin{bmatrix} i_{ds} \\ i_{qs} \end{bmatrix} = \sqrt{\frac{2}{3}} \begin{bmatrix} \cos\theta_0 & \sin\theta_0 \\ -\sin\theta_0 & \cos\theta_0 \end{bmatrix} \begin{bmatrix} 1 & -\frac{1}{2} & -\frac{1}{2} \\ 0 & \frac{\sqrt{3}}{2} & -\frac{\sqrt{3}}{2} \end{bmatrix} \begin{bmatrix} i_A \\ i_B \\ i_C \end{bmatrix} = \begin{bmatrix} \sqrt{3}I\cos(\theta_0 - \varphi_0) \\ -\sqrt{3}I\sin(\theta_0 - \varphi_0) \end{bmatrix}
\tag{11.4}
$$

在预励磁方案理想的情况下，电机转子磁链的初相角应该和电机 A 相绕组相重合，这样就可以保证电机启动时刻励磁电流达到最大状态，与此同时我们把定子 A 相电流的初始相角设为零，此时没有转矩电流输出。但是在电机实际运行中参数设置可能的偏差，同时整个动态调节过程不可能瞬间生效[6]，所以上述讲的理想状况不能完全实现，因此造成电机在实际运行中输出的转子磁链并不能完全和 A 相绕组的中心线保持重合关系。交流预励磁 SVPWM 调制原理如图 11.5 所示。

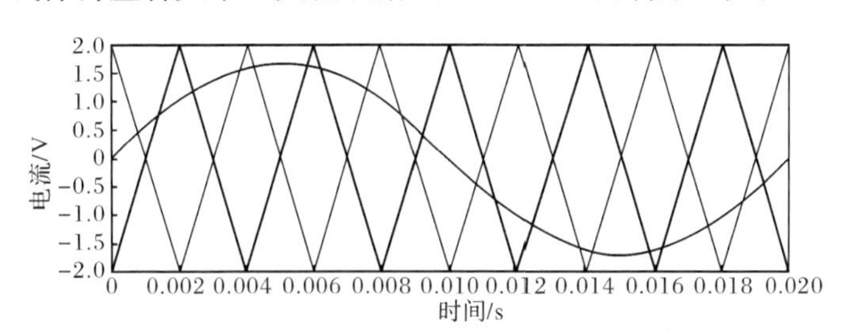

图 11.5　交流预励磁的 SPWM 调制原理图

感应电机从启动到稳定运行是一个缓慢过渡的过程，但是电机在实际运行时可能会出现一些干扰现象，造成的影响就是电动机内部的参数会随着温度的变化发生一系列变化，进而使得磁场定向不准。磁场定向不准将导致本来励磁合适的情况出现励磁不足或励磁过剩，就会造成励磁电流在 q 轴以外产生额外的分量。所以根据上述推导的公式可知因为其他方向上的分量存在，将会使定子电流超过计算的理论值，这样就会使电机启动时产生尖峰电流。同时若采用直接矢量控制时，电机实际磁链是通过磁链观测器得到的[7]，当电机启动时，由于电机的转速很低，得到的转子磁链方向仍然存在一定程度的误差。

11.2.3 传统矢量控制启动和交流预励磁启动的比较

交流预励磁的主要过程是根据电机实际运行中的参数，预先设定能使电机顺利启动的电压以及频率，使电机的电压或电流达到规定值。同时在后续设定励磁程序时应有过电压、过电流、超载等保护的功能。交流预励磁的方法通常是采用逆变器进行 PWM 斩波调节，输出需要的电机三相交流波。交流预励磁调节必须兼顾电压调节和电流调节。保证主电机接收到的励磁电压和电流都处在能使电机工作的最佳状态中。

启动性能是判断大功率电机能否顺畅运行的原则之一，传统矢量控制虽然可以实现电机运行过程中调速的作用，但是对于电机启动时瞬间的大电流却无能为力。同时由于像类似于矿井提升机这样的大容量异步电机转动时的惯量大，若是没有足够大的转矩则无法带动，启动时需要有足够的启动转矩来克服电机内部的摩擦。尤其是在类似矿井提升机这种大功率启动机械中，传统的矢量控制方法有诸多不足之处。交流预励磁从使用的基础原理上来说与直流预励磁方案类似，都是基于间接矢量控制的思想，不同之处是预先向电机内部通入的是带频率的交流电流[8,9]。通过交流预励磁启动方法后的电机启动电流平滑上升同时电机的输出转矩响应快，可以避免其他启动方式中的电流尖峰现象的发生。

11.3 基于矢量控制的交流预励磁启动方案模型

11.3.1 交流预励磁控制中励磁电流、转矩电流取值原则

顾名思义，交流预励磁就是电机启动前通入的是三相交流电，而且难点主要是频率的确定，有两种方法可供选择：

(1) 恒压降频。令起始电压 $U_0 > k_0 U_{dc}/2$ ，保持 U_0 不变，将电源频率从某个特定的较高频率开始降频，当频率降到一定频率后若电机开始启动，则该方案可行。由于启动频率设定得比较高，这样就可以保证电机起始的电压可以一直保持在一个较低的水平上，所以采用这种预励磁初始励磁时刻一般不会出现过电流。在此之后电机磁场平滑上升，电机内部的磁场缓慢建立，这样就可以保证交流预励磁过程中不会出现过电流的现象。

(2) 恒频升压。令起始电压 $U_0 = k_0 U_{dc}/2$ ，保持电源的起始频率不变，在存在的 k_0 基础上逐步增加调制比 k，直到到达一定的数值后若电机开始启动，则停止增加调制比。由于电源起始的频率不变，同时起始时刻通入的电源电压不高，所以也可以避免励磁过程中大电流的产生。

方案(1)、(2)均可保证电机的磁链平滑增长，效果上相同。但是由于方案(2)

中 f_0 设置较高同时电机运行时启动冲量过大，所以电机从静止到 f_0 需要时间较长，此过程将保持一段时间，所以电机电流可能长时间保持在比较高的状态，对于电机的绝缘不利。而且由于起始调制比较低，最小脉宽会对电机有较大的影响。所以采用(1)的仿真方案。

11.3.2　交流励磁时间选取原则

当电机启动磁场尚未完全进入稳态时，三相电流的变化规律满足

$$\begin{bmatrix} i_A(t) \\ i_B(t) \\ i_C(t) \end{bmatrix} = I \begin{bmatrix} 1 \\ -\dfrac{1}{2} \\ -\dfrac{1}{2} \end{bmatrix} \left[1 - e^{-(t-t_0)/T_r}\right] \tag{11.5}$$

又根据 SVPWM 算法的最初原理可得

$$\begin{aligned} t_{a0} &= (1 - 2k\sin\theta)T_s \\ t_{b0} &= \left[2k\sin\left(\theta + \frac{\pi}{3}\right) - 1\right]T_s \\ t_{c0} &= \left[2k\sin\left(\theta - \frac{\pi}{3}\right) + 1\right]T_s \end{aligned} \tag{11.6}$$

与第 10 章所介绍的直流预励磁一样，交流预励磁系统励磁时间选取的原则也主要受两方面制约：一方面是交流预励磁时励磁的时间不能太短，否则建立的电机磁场不够充分；另一方面交流预励磁系统的励磁时间又不能设置的太长，否则也将使启动时间变得过长。式(11.6)中 k 为调制比，T_s 为开关周期，t_{a0}、t_{b0}、t_{c0} 即为交流预励磁时励磁的时间，根据实际中电机具体的参数就可以确定相应的励磁时间。

11.4　仿真及结果分析

整体矢量控制选用 SVPWM 矢量控制仿真原理图，预励磁方案是在矢量控制的基础上另外设置驱动程序来驱动晶闸管的导通，使之通以交流电流。将电机启动时的初相角的值设定为零，就是将转子磁链定位在 A 相绕组的中心线上；将转矩电流的值设定为零，即励磁过程中保证没有转矩输出；将励磁电流的幅值根据实际参数进行相应设置。电机启动后，转矩电流再进行适当的增加[9]，预励磁启动控制切换到常规矢量控制。可以保证定子电流在启动过程中平滑上升，抑制超调的现象。交流预励磁方案流程如图 11.6 所示。

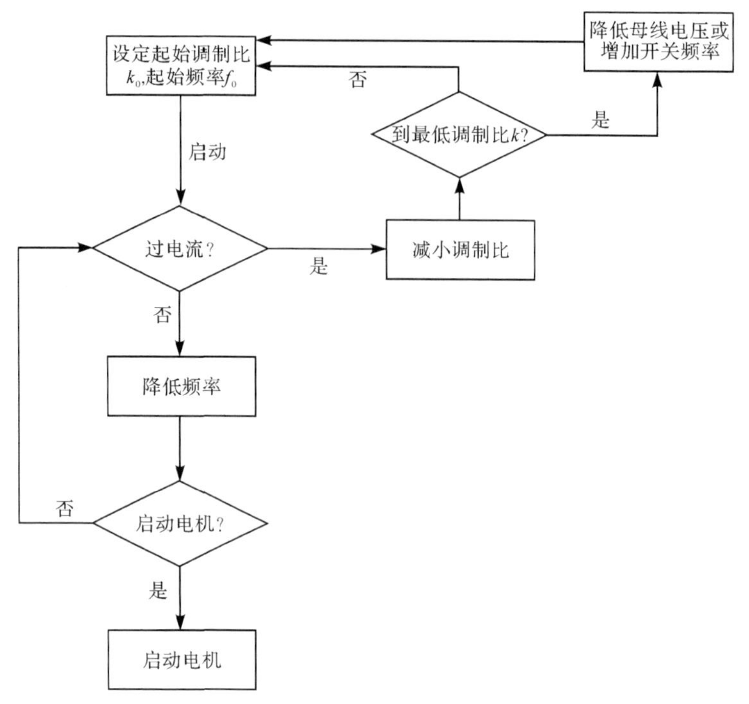

图 11.6　交流预励磁系统流程原理图

由图 11.7 和图 11.8 可以看出:未采用预励磁启动时,启动的电流峰值接近超过 15A,乘以检测电路的分压倍数,发现启动时刻的尖峰电流过大。而采用预励磁启动方案后,可以看出启动时刻的电流峰值在 6A 左右,同时电机三相电流平稳上升,减小了启动时刻的尖峰电流。从图 11.9 可以看出采用交流预励磁方案后电机的转速也较稳定。

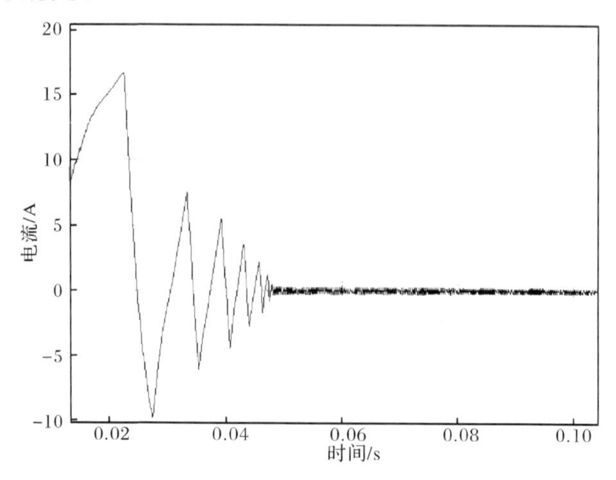

图 11.7　未采用交流预励磁方案的电机 A 相电流

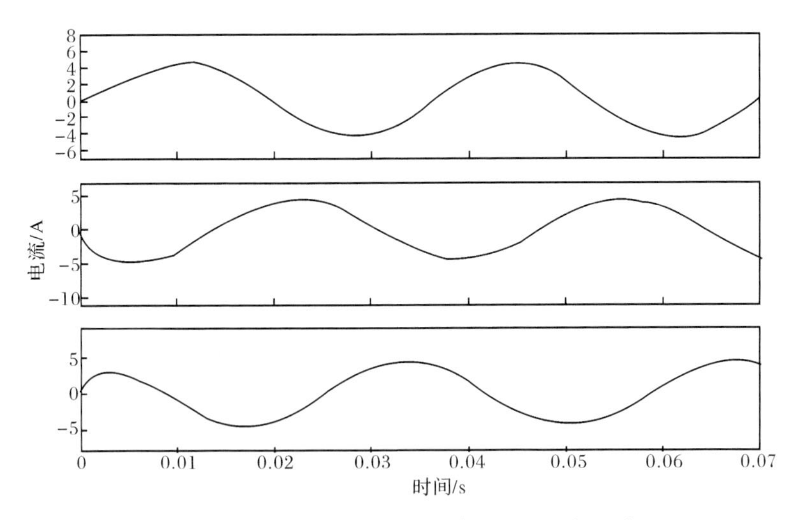

图 11.8　采用交流预励磁方案的电机三相电流

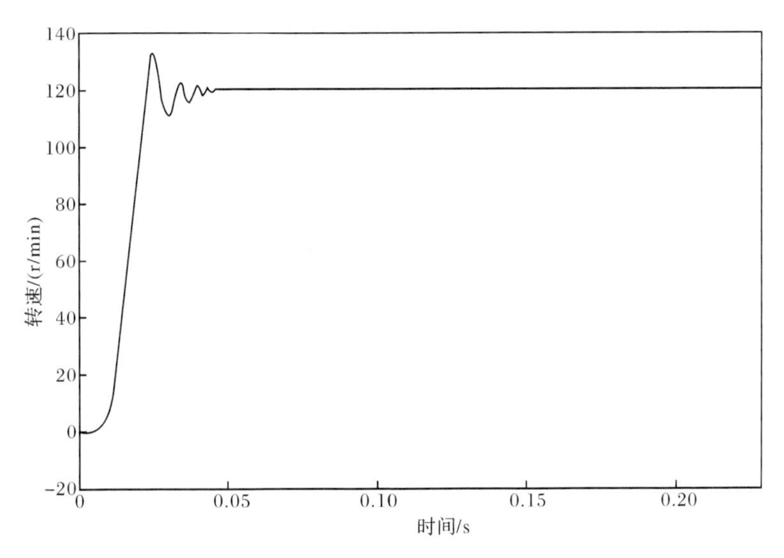

图 11.9　采用交流预励磁方案后电机的转速

11.5　本 章 小 结

大功率感应电动机通常是采用变频启动方式的,矢量控制变频调速已经得到了大量的运用。虽然矢量控制变频调速在电机运行中的调速效果不错,但是其启动性能还是不尽如人意。本章中主要介绍了为了抑制感应电机变频启动时的尖峰电流，提出了另外一种交流预励磁启动方案。本章主要说明了通过新型交流预励磁复合控制方案，电机可以实现启动过程中励磁子系统和转矩子系统的动态解耦，启动电流平滑上升且输出转矩响应快。

参考文献

[1] 阮毅，陈维均．运动控制系统．北京：清华大学出版社，2006.

[2] 沈志宇，李永东．用于级联型逆变器的一种 PWM 调制方法．电气传动，2007，37(12)：23-26.

[3] 王仁峰，阮毅，陈钱春．自组织竞争神经网络在异步电机参数辨识中的应用．电机与控制应用，2006，33(4)：19-23.

[4] 杨仁增，王海欣，黄海宏，等．基于 DSP 的 H 桥级联多电平逆变器的研究．电力电子技术，2010，44(12)：74-77.

[5] 林国汉，李晓秀．基于神经网络的发电机参数辨识．湖南工程学院学报(自然科学版)，2009，19(4)：10-15.

[6] 刘庆丰，王华民，刘丁．级联型多电平逆变器中的谐波控制．电工技术学报，2006，21(10)：42-47.

[7] 李华德．电力拖动控制系统(运动控制系统)．北京：电子工业出版社，2006.

[8] Yuang X，Stemmler H，Barbi I. Self-balancing of the clamping-capacitor-voltages in the multilevel capacitor-clamping-inverter under sub-harmonic PWM modulation. IEEE Transactions on Power Electronics，2001，16(2)：256-263.

[9] 丁凯，邹云屏，王展，等．一种适用于高压大功率的新型混合二极管钳位级联多电平变换器．中国电机工程学报，2004，24 (9)：62-67.

[10] 刘昂，欧阳红林，禹卫华，等．多电平高压变频器的实验研究，电力电子技术，2009，43(9)：22-26.

第 12 章 基于负载电流前馈的双 PWM 变频协调控制

12.1 引　　言

在传统的双 PWM 变频系统里边，整流部分和逆变部分大都是分开来进行控制的，实施的是独立控制，二者之间仅靠中间直流侧电容作为硬件链接，在控制上没有进行相互关联，因此，当负载状态突然变化时，系统如果不能立即跟着负载的变化做出相应的调整，势必将影响整个系统的性能，尤其是在对调速性能要求较高的场合，电机的状态可能会频繁的发生变化，在这种情况下，双 PWM 系统采用独立控制时就会略显不足。本章首先介绍了双 PWM 变频系统在独立控制时存在的问题，PWM 整流器采用双闭环控制，详细地分析了双闭环控制下直流电压波动的原因，介绍了负载电流的计算方法，双闭环控制中的电流内环具有很高的响应速度，因此，可以利用电流内环进行负载电流前馈的协调控制，提高系统的响应速度，减小电压的波动。最后进行仿真，由仿真结果来验证负载电流前馈协调控制的可行性。

12.2 双 PWM 变频系统独立控制存在的问题

独立控制策略因为控制方式简单，设计难度低，所以应用广泛，但是，要实现基于双 PWM 变频系统的交流电机高性能调速，仍存在以下问题[1-5]。

1. 抑制直流母线电压的波动

双 PWM 变频系统的关键技术之一就是如何能够维持直流侧电压的稳定，在采用独立控制的双 PWM 变频系统中，当电机工作状态发生突变时，必然会引起直流侧电压的变化，尤其是在电机制动或反转时，电机将向电网反馈能量，此时若是系统不能及时响应，电机反馈的能量将首先全部积聚在直流侧电容上，为了避免直流母线电压波动，需要在安装大容量的电容来吸收这部分能量，但是大电容的引入，不仅将延缓系统的响应时间，而且又会带来成本和体积的增加。

2. 负载状态突变使系统控制性能较差

如果将逆变器和电机看做一个整体作为整流部分的负载的话，那么，电机运动状态的变化对整流部分而言,就是一个大的扰动,而在整流部分的控制中,仅仅采用了电压环负反馈进行了补偿。而负反馈的本质是先有误差然后校正,因此会存在一定的动态误差,独立控制没有利用逆变状态的任何信息,仅将直流负载电流作为干扰包含在电压环的控制中,因此,整流部分的调节将跟不上电容电流变化的速度,直流电压的稳定性也将变差。

双PWM变频系统的前馈协调控制策略是针对双PWM独立控制的所存在的缺陷而提出的,在这种控制系统中,整流部分和逆变部分之间不但有中间直流电容的硬件联结,而且通过把逆变部分的信息前馈,达到和整流部分实现信息交换的目的,使整流部分能够时刻“感知”逆变部分负载所处的状态,从而根据其状态控制整流器的输入输出,与独立控制方式相比,这种控制方式是从系统整体的角度出发,对系统实施的集成化控制,在减小直流电容容量的同时,也能达到抑制电压波动的目的,提高系统的安全性和可靠性。

12.3 负载电流前馈补偿技术的研究

12.3.1 负载电流的计算

本书中,双PWM变频系统所带的负载为异步电机,而输入异步电机的电流为三相电流,不能直接进行前馈。而双PWM系统中对PWM逆变器的控制,是建立在异步电机按转子磁场定向矢量控制的基础上,因此可以根据异步电机矢量控制中检测到的电压电流量来计算负载的电流。感应电机是一个高阶、非线性、强耦合的多变量系统,转子磁场定向矢量控制是将电机转子磁链定向于同步旋转坐标系的 d 轴上,实现励磁电流和转矩电流的解耦,将异步电机等效成直流电机进行控制,其原理结构图如图12.1所示。

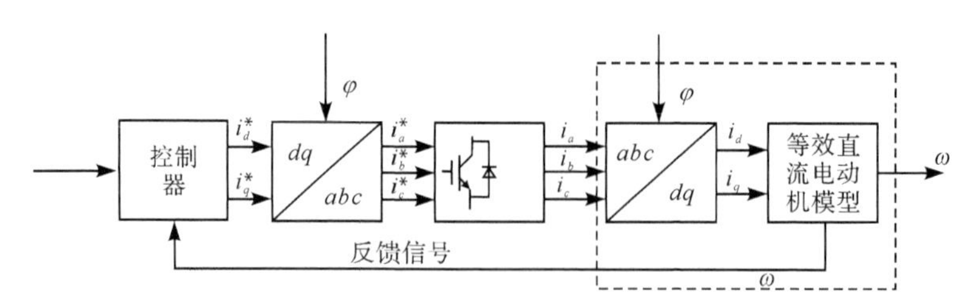

图12.1 异步电机等效直流电机原理结构图

按转子磁场定向的矢量控制系统框图如图12.2所示,电机实际转速可由光电编码器输出,实际转速与速度的指令值做差,经过速度PI调节器以后输出电机侧 q 轴电流指令值 i_{sq}^*,电机的三相定子电流可由电流传感器测出,再经过坐标转换转换到 d-q 坐标系下,生成 i_d、i_q。在两相静止坐标系下的电流和电压输入磁链观测器后输出实际磁链值，与磁链指令值做差后经 PI 调节器输出 d 轴的电流指令值 i_{sd}^*，d 轴和 q 轴的实际值与指令值做差后送入 PI 调节器再经过坐标变换生成开关器件的驱动信号，驱动电路工作。

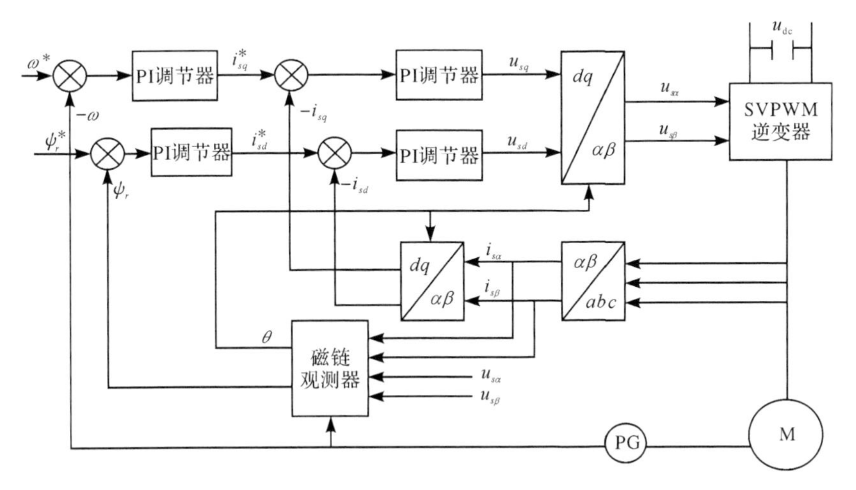

图 12.2　按转子磁链定向矢量控制系统框图

由异步电机定子电流在两相同步旋转坐标系下的分量可以计算出流入逆变器的负载电流，设 i_{dc} 为整流器输出电流，逆变器和电机作为一个整体为逆变部分，流入逆变部分的电流 i_L 为负载电流，i_{cap} 表示电容电流。

在同步旋转坐标系下，忽略网侧等效电阻，PWM 整流器的动态特性可以用式(12.1)～式(12.3)描述：

$$C\frac{\mathrm{d}u_{dc}}{\mathrm{d}t}=i_{cap} \tag{12.1}$$

$$L\frac{\mathrm{d}i_{d1}}{\mathrm{d}t}=\omega Li_{q1}+e_{d1}-u_{d1} \tag{12.2}$$

$$L\frac{\mathrm{d}i_{q1}}{\mathrm{d}t}=-\omega Li_{d1}+e_{q1}-u_{q1} \tag{12.3}$$

式中，e_{d1}、e_{q1} 表示网侧电压在 d、q 轴上的分量，在电网电压定向下，$e_{q1}=0$；ω 为电源电压角频率；下标 1 表示为整流侧的电量。

在电网电压定向，网侧单位功率因数条件下，整流器的输出功率为

$$p_r=\frac{3}{2}(i_{d1}e_{d1}+i_{q1}e_{q1})=\frac{3}{2}i_{d1}e_{d1} \tag{12.4}$$

异步电机输入的功率为

$$p_{in}=\frac{3}{2}(i_{d2}u_{d2}+i_{q2}u_{q2}) \tag{12.5}$$

下标为 2 的均表示逆变部分的电量，在直流侧电容节点，由基尔霍夫电流定律

$i_{cap}=i_{dc}-i_L$。另外,$i_{dc}=P_r/u_{dc}$和$i_L=P_{in}/u_{dc}$,再结合式(12.4)、式(12.5)则有

$$i_{dc}=\frac{3}{2u_{dc}}i_{d1}e_{d1} \tag{12.6}$$

$$i_L=\frac{3}{2u_{dc}}(i_{d2}u_{d2}+i_{q2}u_{q2}) \tag{12.7}$$

$$i_{cap}=\frac{3}{2u_{dc}}(i_{d1}e_{d1}-i_{d2}u_{d2}-i_{q2}u_{q2}) \tag{12.8}$$

12.3.2 PWM 整流器双闭环控制

双 PWM 变频系统中的 PWM 整流器采用电压外环和电流内环双闭环控制。电压外环的作用是为了实现整流器输出稳定的直流电压;电流内环的作用是为了控制整流器的输出电流,实现单位功率因数。

由式(12.9)可知,在电网电压定向的矢量控制下,i_d和i_q之间存在耦合,无法对输出电压进行单独控制,因此,需要对其进行解耦,当电流内环采用 PI 调节器时有

$$\begin{cases}u_d=e_d+\omega Li_q-(k_{ip}+k_{ii}/s)(i_d^*-i_d)\\u_q=e_q-\omega Li_d-(k_{ip}+k_{ii}/s)(i_q^*-i_q)\end{cases} \tag{12.9}$$

式中,k_{ip}为 PI 调节器比例环节增益;k_{ii}为 PI 调节器积分环节增益;i_d^* 为电流 i_d 指令值;i_q^* 为电流 i_q 指令值,忽略桥路内阻,将 u_d^* 、u_q^* 代入式(12.9),得

$$\begin{bmatrix}\frac{\mathrm{d}i_q}{\mathrm{d}t}\\\frac{\mathrm{d}i_d}{\mathrm{d}t}\end{bmatrix}=\begin{bmatrix}-\left[R+\left(k_{ip}+\frac{k_{il}}{s}\right)\right]/L & 0\\0 & -\left[R+\left(k_{ip}+\frac{k_{il}}{s}\right)\right]/L\end{bmatrix}\begin{bmatrix}i_q\\i_d\end{bmatrix}+\frac{1}{L}\left(k_{ip}+\frac{k_{il}}{s}\right)\begin{bmatrix}i_q^*\\i_d^*\end{bmatrix} \tag{12.10}$$

由式(12.10)可知,这种电流前馈算法可以实现电流 i_d和i_q之间的解耦。

图 12.3 为双闭环控制电流环的结构图,其中图 12.3(a)为内环有功电流环结构图,图 12.3(b)为内环无功电流环结构图。

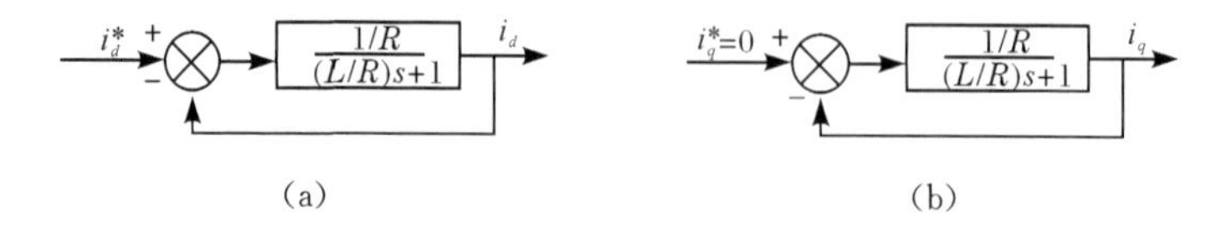

图 12.3 电流环结构图

内外环均采用 PI 调节,内环有功电流指令值 i_d^* 的表达式为

$$i_d^*=(k_{ip}+k_{ii}/s)(u_{dc}^*-u_{dc}) \tag{12.11}$$

忽略内阻 R,由功率平衡关系可得

$$3e_d i_d = 2u_{dc} i_{dc} \tag{12.12}$$

由式(12.12)可得

$$i_{dc} = \frac{3e_d i_d}{2u_{dc}} = \frac{\sqrt{3}}{2} \cdot \frac{\sqrt{3}E_m i_d}{u_{dc}} = \frac{\sqrt{3}}{2} m i_d \tag{12.13}$$

式中，m 代表 SVPWM 的调制比，$m=\sqrt{3}E_m/U_{dc}$，$m\leqslant 1$；E_m 为三相电源电压峰。

由以上分析可得电压定向下的双闭环控制结构原理图，如图 12.4 所示。

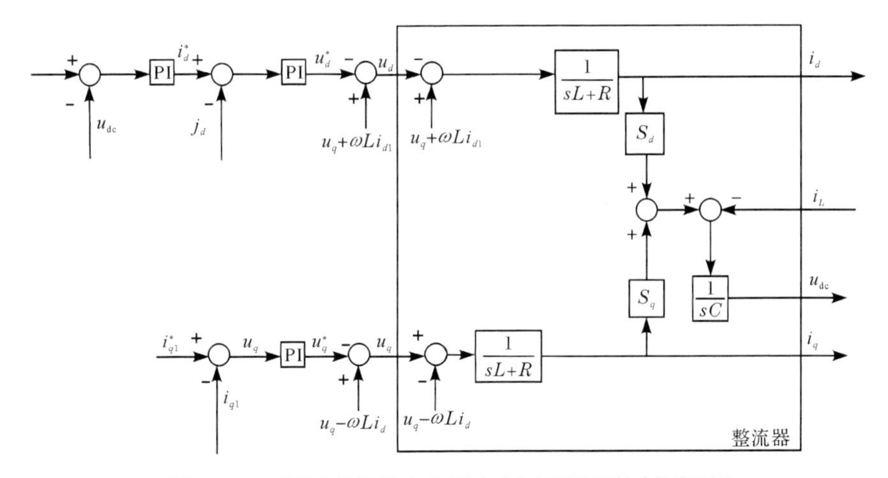

图 12.4　PWM 整流器在电压定向下双闭环控制原理图

12.3.3　负载电流前馈补偿原理

双闭环控制虽然实现了电流内环的前馈解耦，达到了比较好的控制性能，但是双闭环控制系统的设计没有考虑负载扰动时对系统产生的不利影响。从图 12.4中可以看出：负载电流 i_L 对电容电压形成扰动，负载电流 i_L 的变化会首先影响到直流侧电容电流的变化，当 $i_L > i_{cap}$ 时，多余的电流将会流向电容，向电容充电，i_{cap} 的升高将会进一步引起直流母线电压的升高，直流侧的电压 u_{dc} 将会偏离指令值 u_{dc}^*，此时，双闭环控制中电压外环将起到调节作用，将实际电压值和指令电压值做差以后送入比例积分调节器，经比例积分调节器以后输出电流内环的电流指令值 i_d，i_d^* 和 i_d 经过比较以后再送入比例积分调节器才能调节整流器的输出。同理，当 $i_L < i_{cap}$ 时，电容将会向负载放电，此时 i_{cap} 将降低引起直流母线电压降低，系统重复同样的调节过程。当从整流器的输入到输出可以认为是一个一阶惯性环节，从其调节过程我们可以看出，系统的每次调节都要经过两个比例积分调节器和一个一阶惯性环节，显然调节速度缓慢，当负载的状态变化比较迅速时，系统的调节速度无法满足负载的要求。例如，当电机转矩突然增加时，如果网侧整流器不能迅速给负载提供全部消耗的功率，此时将由中间直流侧电容释放能量来给

负载供电；反之，当电机转矩突然减小时，整流器输出的能量大于将负载全部消耗的能量，此时，多余的能量就会流向直流侧电容，向电容充电。直流侧电压的波动正是由于这种能量之间的不平衡造成的。

因此，负载电流 i_L 对网侧整流器控制系统而言是一个外部扰动信号。而根据自动控制理论知识，如果引入前馈控制就可以消除外部扰动对控制系统的影响[6-8]，图 12.5 为负载电流前馈传递函数控制框图。

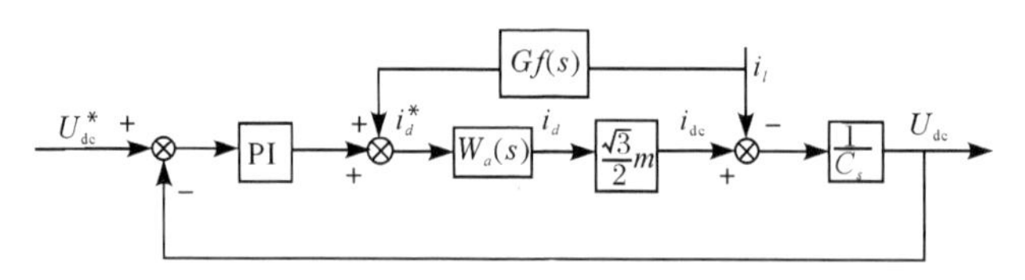

图 12.5　负载电流前馈传递函数框图

为了消除负载电流扰动对直流侧电压的影响，$G_f(s)$ 和 $W_{ci}(s)$ 需满足以下关系：

$$\frac{\sqrt{3}}{2}G_f(s)W_{ci}(s)m-1=0 \tag{12.14}$$

式中，m 代表 SVPWM 的调制比，$m=\sqrt{3}E_m/U_{dc}$，$m\leqslant 1$，E_m 为三相电源电压峰值。

由式(12.14)可得

$$G_f(s)=\frac{2}{\sqrt{3}}\cdot\frac{1}{W_{ci}(s)}\cdot\frac{U_{dc}}{\sqrt{3}e_d}=\frac{1}{W_{ci}(s)}\cdot\frac{2U_{dc}}{3e_d} \tag{12.15}$$

$G_f(s)$ 即为前馈环节函数，理论上讲，$G_f(s)$ 可以实现负载扰动的前馈补偿，但在实际的应用中，电路中的电感值、电阻值具有非线性的和时变的特征，难以确定电流环传递函数 $W_{ci}(s)$ 的表达式，且其分子阶次小于分母阶次，因此，在前馈环节函数的表达式里含有纯微分项，若按 $G_f(s)$ 进行前馈补偿，则网侧电流谐波会因为负载电流中的高频噪声加入而增大。

在双闭环控制中，电流内环的调节速度较快，同时，因为电流内环采用的是 PI 调节，电流响应无静差，因此，电流环的调节延迟时间可以忽略，此时，$W_{ci}(s)=1$，则式(12.15)变为

$$G_f(s)=\frac{2}{\sqrt{3}}\cdot\frac{1}{W_{ci}(s)}\cdot\frac{U_{dc}}{\sqrt{3}e_d}=\frac{2U_{dc}}{3e_d} \tag{12.16}$$

负载电流前馈把负载动态变化的信息引入到了整流器电流控制中，加快系统的动态快速性，进一步提高系统的动态性能，使直流侧电流能够快速跟随负载电流的变化，达到减小直流电容容量的目的。加入负载电流前馈的控制结构图如图 12.6 所示。

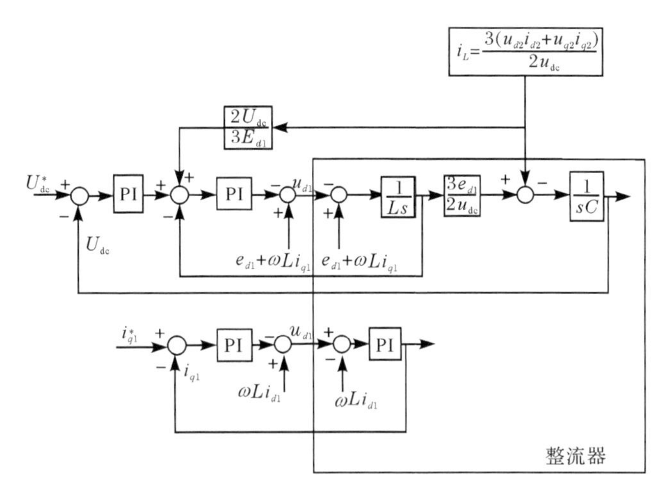

图12.6 负载电流前馈控制框图

从图12.6可知，在双闭环控制中，电流环调节速度要比电压环的调节速度快的多，当负载电流发生突变时，经过前馈补偿以后的负载电流，将先于电压外环PI调节器，迅速改变内环有功电流指令值 i_d^*，然后在电流环的快速调节作用下，i_d 和 i_{dc} 也迅速发生改变，系统又重新进入稳态。这种前馈方法容易实现，对电流精度和前馈精度要求较低，并且不会对系统原来的稳定性造成影响。

按式(12.16)进行的前馈补偿是在负载电流稳定的情况下计算得到的，只能反映扰动的静态特性，不能反映负载的动态特性，且前馈项加在电压环节中，但是，电压环节中由于大电容的存在，所以系统的动态响应能力提高是有限的。根据前面直流母线分析可知，电容电流的变化是导致直流母线电压波动的原因，如果直接将电容电流当作控制目标，令其等于零的话，那么不但能稳定直流侧电压，从理论上讲甚至可以取消直流电容。电容电流前馈控制其实是对负载电流前馈控制的一种改进，在电容电流前馈控制策略中，电容电流的指令值 i_{cap}^* 设置为零，通过反馈控制，电容的电流一直跟随指令值并保持稳定，这样，在直流电容节点处，由基尔霍夫电流定律可知，$i_{dc}=i_L$，整流器根据负载的需要进行输出，达到了真正的节能目的。

电容电流的前馈补偿控制原理如图12.7所示，外环仍以直流侧的电压控制为目标，在PWM整流器的双闭环控制中，电流内环的调节速度最高，可以达到电压环的5～10倍，因此，将负载电流的扰动 i_L 引入到电流控制环中，同时，将电容电流 i_{cap} 作为内环，这样，就可以极大地提高系统的动态响应速度。当系统处于稳态的时候，整流器的输出电压和其指令值相等，电压环比例积分控制器输出的电容电流指令值为零，则直流侧输出的电容电流也为零，当系统发生变化时，负载电流会发生变化，以负载电流突然减小为例，此时整流部分将开始向电容充电，当 i_{cap} 大于其指令值的时，电流环的比例积分控制器将开始发挥作用，对 PWM 整流器的占空比进行调节，使整流器的输出电流减小，等于负载的电流，那么电容的电流则又重新回到零。从调节过程来看，电容电流的前馈直接避开了电压环的调节，属于电流内环的自行调节，因此，调节速度迅速，系统的动态性能得到极大提高。同时，电容电流的值几乎等于零，这样一来，电容的容量也可以大大减小，电容减小又进一步加快了系统的响应时间，提高了系统的性能。

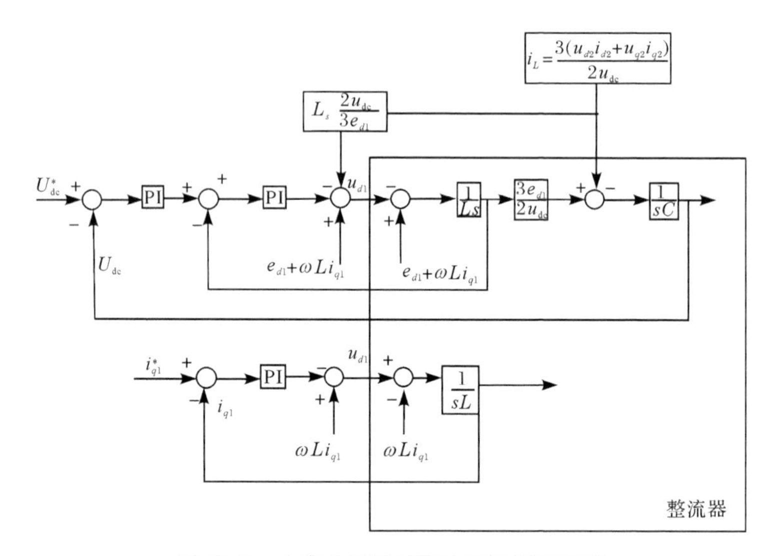

图 12.7　电容电流的前馈协调控制原理图

12.4　仿真及结果分析

为了验证负载电流前馈控制策略的正确性和有效性，进行仿真研究，在仿真中，整流侧基于负载电流前馈的协调控制策略，逆变侧采用按转子磁场定向的矢量控制方式，仿真参数如下所示。

三相电源的电压有效值为 220V，直流电容 $C=100\mu F$，直流电压给定值 $U_{dc}^*=600V$，异步电机功率 $P=4kW$，$R_s=1.405\Omega$，$L_s=58mH$，$L_r=58mH$，$R_m=1.395\Omega$，$L_m=172.2mH$，$J=0.0131kg\cdot m^2$。

图 12.8(a)和(b)分别为双 PWM 变频系统在采用无负载电流前馈的独立控制时，直流母线电压的整体波形和负载突变时的放大波形，其中图 12.8 中的波形是在中间直流电容为 2000μF 时的结果。

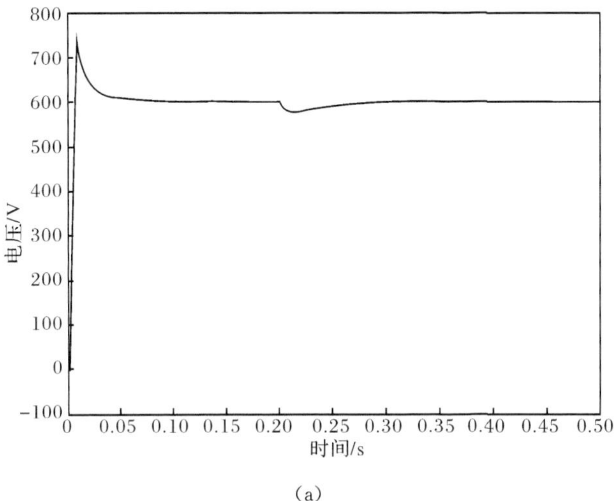

(a)

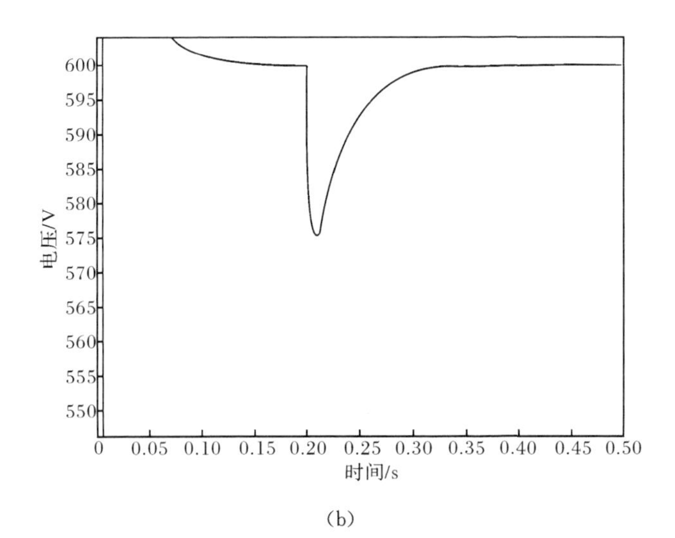

(b)

图 12.8 无负载信息前馈时直流侧电压波形

图 12.9(a)和(b)分别为双 PWM 变频系统在采用负载电流前馈时直流母线电压的整体波形和负载突变时的放大波形,图 12.9 给出的是双 PWM 变频系统在中间直流电容为 200μF 时的结果,在 0.2s 时,电机转矩由 10kg·m 突变为 20kg·m,由两图的对比可以看出,采用了负载电流前馈的协调控制策略的直流母线电压波动比采用独立控制时波动要小,只有 12V 左右,且系统能在负载突变后很快重新恢复到电压指令值,由仿真结果可以验证,负载电流前馈协调控制在负载状态突变时能够很好地抑制直流电压的波动,且响应的时间较快。

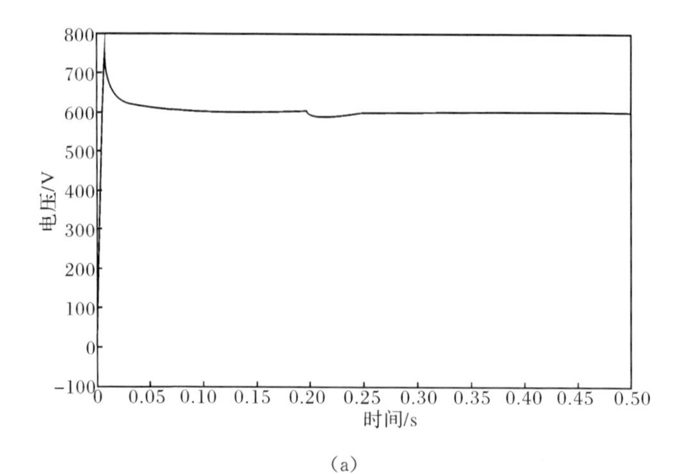

(a)

(b)

图 12.9　负载电流前馈时直流侧电压波形

图 12.10 和图 12.11 分别为无前馈和有负载电流前馈时双 PWM 变频系统网侧的电压和电流波形，由图可以看出，在双 PWM 变频系统里，电压和电流能始终保持同相位，但是在采用了负载电流前馈的控制系统中，网侧电压电流波形正弦化的程度更高，电流波形的毛刺较少，曲线更平滑，谐波含量比无前馈时要更低。

图 12.12 从上至下依次为逆变侧电机的定子三相电流、转速和转矩波形，从图中可以看出，电机启动的过程较快，当电机达到稳定状态以后，转速波动较小，电机转矩突变时，系统能迅速响应，稳定后的电机转矩脉动也很小。

图 12.13 为 0.2s 时电机转速由正向转动突变为反向转动时网侧电压电流的波形，从图中可以看出当电机在 0.2s 转速突变时，网侧电流和电压相位由相同变为反向，功率因数为−1，系统能以较快的速度实现能量的反馈。从仿真波

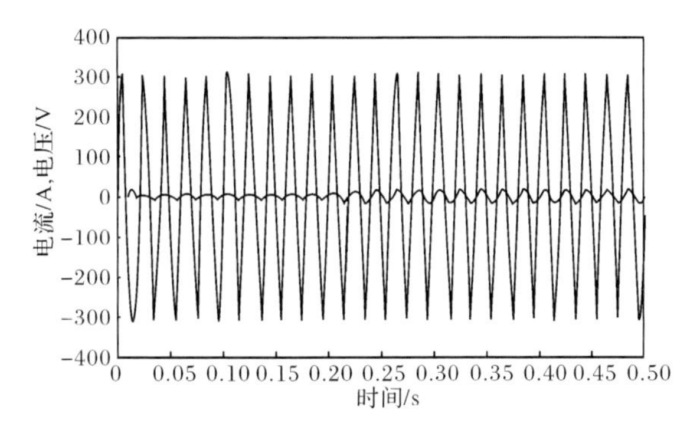

图 12.10　无负载信息前馈时网侧电压电流波形

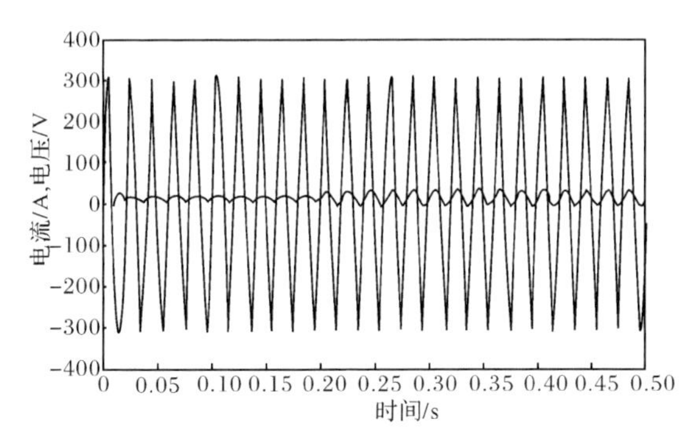

图 12.11　负载电流信息前馈时网侧电压电流波形

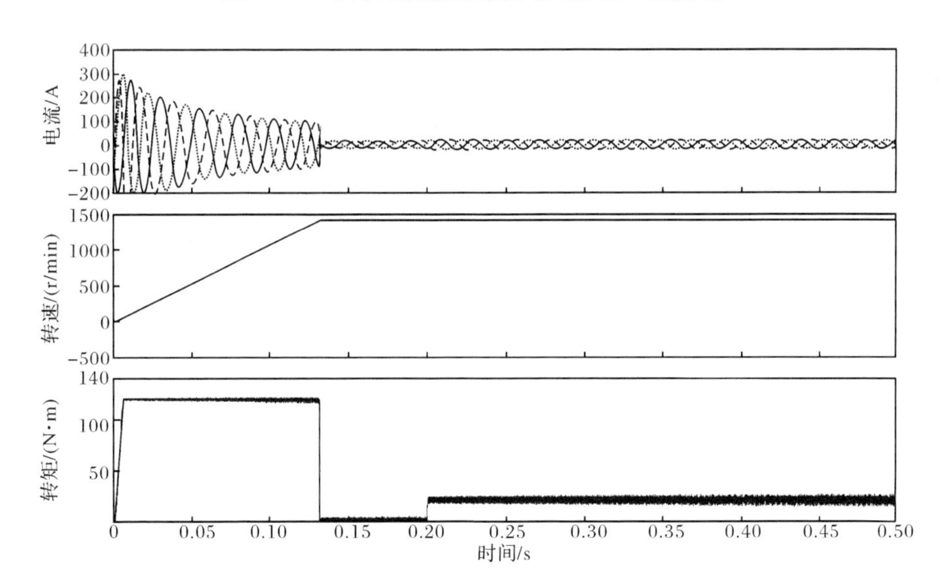

图 12.12　逆变侧波形

形结果上看,双 PWM 变频系统的负载电流前馈协调控制能够在直流电容很小的情况下减小负载突变时直流电压的波动,系统可以保持较稳定的运行。能以较快的响应实现能量的回馈,避免了反馈能量在直流电容上的聚积,提高了系统的安全性。

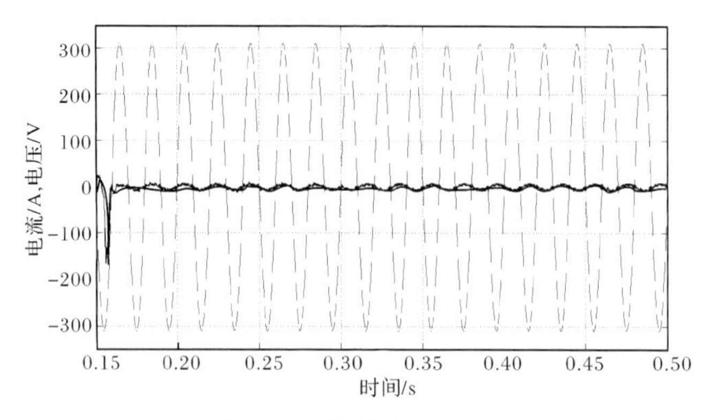

图 12.13 能量回馈时波形

12.5 本章小结

本章首先介绍了双 PWM 变频系统在独立控制时的缺陷,双 PWM 变频系统的前馈协调控制就是针对这些缺陷而进行的研究,先从 PWM 整流器的双闭环控制开始分析,双闭环控制能够在一定程度上改善双 PWM 变频系统的性能,利用双闭环的电流内环,构建负载电流前馈的通道,通过对负载电流前馈的静态特性分析,指出在负载电流前馈时,控制电容电流为零,可以更好地提高系统的响应能力然后进行了仿真研究,在独立控制和电流前馈协调控制两种策略下,通过系统负载的变化,对系统的直流侧电压波形、网侧电压电流波形等进行了研究。结果表明,在电流前馈协调控制策略下的系统即使采用很小的电容,在负载急剧变化时,其直流侧电压波动也要远远小于独立控制策略,达到了极小化电容、提高了功率因数、减少了谐波,从而验证了负载电流前馈协调控制的正确性和可行性。

参考文献

[1] Choi J W, Sul S K. Fast current controller in three-phase AC/DC Boost converter using *d-q* axis crosscoupling. IEEE Transaction on Power Electronics, 1998, 13(1): 179-185.

[2] Jung J, Lim S K, Nam K. A feedback linearizing control scheme for a PWM converter-inverter having a very small DC-link capacitor. IEEE Transaction on Industry Applications, 1999,

35(5):1124-1131.

[3] Gu B G, Nam K. Theoretical minimum dc-link capacitance in PWM converter inverter systems. IEEE Proceedings of the Electric Power Applications, 2005, 152(1):81-88.

[4] 戴鹏,朱方田,朱荣伍,等. 电容电流直接控制的双 PWM 协调控制策略. 电工技术学报, 2011, 26(1):136-139.

[5] 李剑林,田联房,王孝洪,等. PWM 整流器负载电流前馈控制策略. 电力电子技术, 2011, 45(11):58-60.

[6] 黄守道,陈继华,张铁军. 电压型 PWM 整流器负载电流前馈控制策略研究. 电力电子技术, 2005, 39(4):53-55.

[7] 钟炎平,张勋,陈耀军. 基于负载电流前馈的 PWM 整流器电压控制研究. 电气传动, 2009, 39(3):41-44.

[8] 马海啸,龚春英. 负载电流前馈双闭环控制逆变器的研究. 南京邮电大学学报, 2012, 32(3):30-32.

第 13 章　双 PWM 变频负载功率前馈协调控制

13.1　引　　言

本章对双 PWM 系统协调控制的另外一种方法——负载功率的前馈协调控制进行研究，该方法主要是通过控制整流侧和逆变侧功率流使其相等，来减小单位时间内整流器和逆变器的能量差，从而使双 PWM 变频系统的直流电压在较小范围内波动，达到减小直流电容的目的[1-6]。传统的 PWM 整流器直接功率控制以整流器输出的有功功率和无功功率为控制目标，采用的是 bang-bang 控制，其控制系统的速度响应快，算法简单，要实现负载功率的前馈，但是这种系统的致命问题是开关频率不固定，需要较高的采样频率，给系统的设计带来一定的困难，因此，本章将首先介绍一种基于固定开关频率的直接功率控制，然后再对双 PWM 变频系统的功率前馈协调控制原理进行分析，计算出负载的功率，将负载功率信息的突变前馈到整流器侧对 PWM 整流部分和 PWM 逆变部分进行协调控制。

13.2　基于固定开关频率的直接功率控制

传统的直接功率控制(如 9.3 节所述)由于采用了滞环比较器和开关电压矢量表的调制方式，在每个扇区中有多个采样周期，若在某个时间段内，滞缓比较器中输出相同的值，则这段时间内输出的电压矢量也相同；反之，例如某个时间段内，滞缓比较器输出的值不同，则在这个采样周期中输出的电压矢量也相同，在输出电压矢量不同的采样周期中，开关管的开关频率高，在输出电压相同的采样周期中，开关管的开关频率低。这就导致了开关频率的不固定，开关损耗较大，同时在 PWM 整流器的功率数学模型中，有功功率和无功功率是相互耦合的，采用滞环比较器的控制方式无法对有功和无功功率进行解耦。为了克服以上缺点，将 SVPWM 引入直接功率到控制系统中(图 13.1)，可以实现系统开关频率的固定。与传统的直接功率控制系统不同的是，在该控制系统中，瞬时有功功率和瞬时无功功率与参考值的差不再送入滞环比较器，而是送入 PI 调节器，得到两相旋转坐标系上的分量，然后再经过 PWM 调制模块得到开关函数。使用固定开关频率的直接功率控制策略不仅实现了定频，还可以对有功功率和无功功率进行解耦控制，为后面的功率前馈提供了方便，而且可以获得任意方向的电压矢量，THD 值较低，抗干扰能力更强。

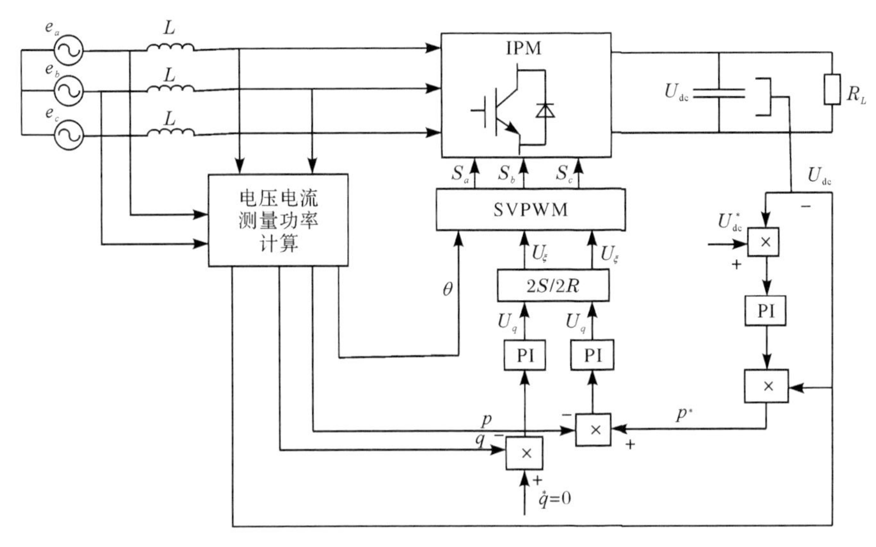

图 13.1　基于 SVPWM 的直接功率控制框图

根据任意电压矢量 U 和它在 α、β 轴上的坐标分量 U_α、U_β 作以下定义：

$$\begin{cases} X=U_\beta \\ Y=\dfrac{1}{2}(\sqrt{3}U_\alpha-U_\beta) \\ Z=\dfrac{1}{2}(-\sqrt{3}U_\alpha-U_\beta) \end{cases} \tag{13.1}$$

设 $N=A+2B+4C$，N 的值代表参考电压矢量所在扇区位置，式(13.1)中，若

$X>0$，则 $A=1$，否则 A 的值为 0

$Y>0$，则 $B=1$，否则 B 的值为 0

$Z>0$，则 $C=1$，否则 C 的值为 0

由参考电压矢量 U，可以直接计算空间矢量在每个扇区的作用时间。以Ⅰ区为例，设参考电压 U 在第一扇区区所示位置，则 U 由第一扇区中相邻的两个有效空间矢量 U_1 和 U_2 以及零矢量来合成。则有

$$UT_s=U_1T_1+U_2T_2 \tag{13.2}$$

$$\begin{cases} U_\alpha \cdot T_s=\sqrt{\dfrac{2}{3}}U_{dc}^* \cdot T_1+\sqrt{\dfrac{2}{3}}U_{dc}\cos60° \cdot T_2 \\ U_\beta \cdot T_s=\sqrt{\dfrac{2}{3}}U_{dc}\sin60° \cdot T_2 \end{cases} \tag{13.3}$$

式中，U_{dc}^* 为直流侧电压矢量；T_s 为采样周期。由式(13.2)和式(13.3)可以计算出 $U_1(100)$ 和 $U_2(110)$ 在一个控制周期内的作用时间 T_1 和 T_2，在其余各扇区也可用

类似方法。零矢量作用时间 $T_0 = T_s - T_1 - T_2$，图 13.2 为第一扇区内空间矢量的作用时间图。

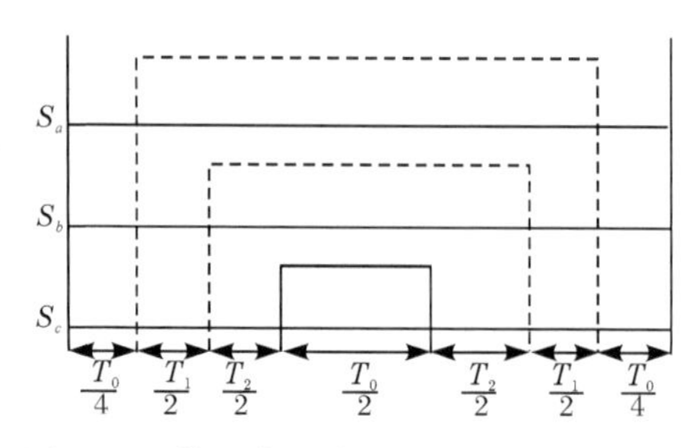

图 13.2　第Ⅰ扇区内空间矢量作用时间图

为了保证系统在各种情况下，每次切换时都只涉及一个开关，电压空间矢量采用七段空间矢量的合成方式，即每个矢量均以(000)开始和结束。中间矢量为(111)，非零的矢量保证每次只切换一个开关。各个扇区的开关矢量分配表如表 13.1 所示。

表 13.1　各扇区开关矢量分配表

扇区	开关矢量
Ⅰ	000 100 110 111 111 110 100 000
Ⅱ	000 010 110 111 111 110 010 000
Ⅲ	000 010 011 111 111 011 010 000
Ⅳ	000 001 011 111 111 011 001 000
Ⅴ	000 001 101 111 111 101 001 000
Ⅵ	000 100 101 111 111 101 100 000

13.3　基于负载功率前馈的协调控制

13.3.1　负载功率前馈补偿原理

在忽略整流部分和逆变部分的开关损耗的情况下，双 PWM 变频系统中中间直流部分电容上的能量等于整流器和逆变器的功率差的积分：

$$C\frac{u_{\mathrm{dc}}^2(t_0) - u_{\mathrm{dc}}^2(t)}{2} = \int_{t_0}^{t} (p_r - p_{\mathrm{inv}})\mathrm{d}t \tag{13.4}$$

$$\Delta u_{\mathrm{dc}}(t) = u_{\mathrm{dc}}(t_0) - u_{\mathrm{dc}}(t) \tag{13.5}$$

式中，p_r、p_{inv}分别代表整流器的输入功率和负载的功率；Δu_{dc}代表直流电压的变化量，作如下假设：

$$u_{\mathrm{dc}}(t_0)=u_{\mathrm{dc}}^{*} \tag{13.6}$$

将式(13.6)代入式(13.4)和式(13.5)并忽略高阶小量，可以得到

$$\Delta u_{\mathrm{dc}}(t) = \frac{1}{Cu_{\mathrm{dc}}^{*}}\int_{t_0}^{t}(p_r - p_{\mathrm{inv}})\mathrm{d}t \tag{13.7}$$

将式(13.7)变换到频率域：

$$\frac{\Delta u_{\mathrm{dc}}(s)}{\Delta p(s)}=\frac{1}{sCu_{\mathrm{dc}}^{*}} \tag{13.8}$$

由双 PWM 系统的能量流动分析可知，无功功率消耗在网侧，不能通过整流器，因此，整流器的输入有功功率指令值可以用式(13.9)表示：

$$p_r^{*}=p_{\mathrm{load}}^{*}+p_{\mathrm{dc}}^{*} \tag{13.9}$$

式中，p_{load}^{*}代表负载功率前馈指令值；p_r^{*}代表整流器输入有功功率指令值；p_{dc}^{*}代表直流电容功率前馈指令值。考虑直流电压环采用比例积分调节器且采样延时可得

$$p_{\mathrm{load}}^{*}(s)=\frac{1}{1+sT_1}p_{\mathrm{inv}}^{*}(s) \tag{13.10}$$

$$p_{\mathrm{dc}}^{*}(s) = \frac{1}{1+sT_2}\left(k_{p_{\mathrm{dc}}}+\frac{k_{i_{\mathrm{dc}}}}{s}\right)\Delta u_{\mathrm{dc}}(s) \tag{13.11}$$

将式(13.10)和式(13.11)代入式(13.9)可得

$$p_r^{*}(s)=\frac{1}{1+sT_1}p_{\mathrm{inv}}^{*}(s)+\frac{1}{1+sT_2}\left(k_{p_{\mathrm{dc}}}+\frac{k_{i_{\mathrm{dc}}}}{s}\right)\Delta u_{\mathrm{dc}}(s) \tag{13.12}$$

指令值和实际值之间相当于一阶惯性环节：

$$\begin{aligned} p_r(s)&=\frac{1}{1+sT_3}p_r^{*}(s)\\ p_{\mathrm{inv}}(s)&=\frac{1}{1+sT_4}p_{\mathrm{inv}}^{*}(s)\end{aligned} \tag{13.13}$$

由式(13.12)和式(13.13)可以得到双 PWM 变频器系统功率前馈补偿控制结构图，如图 13.3 所示。

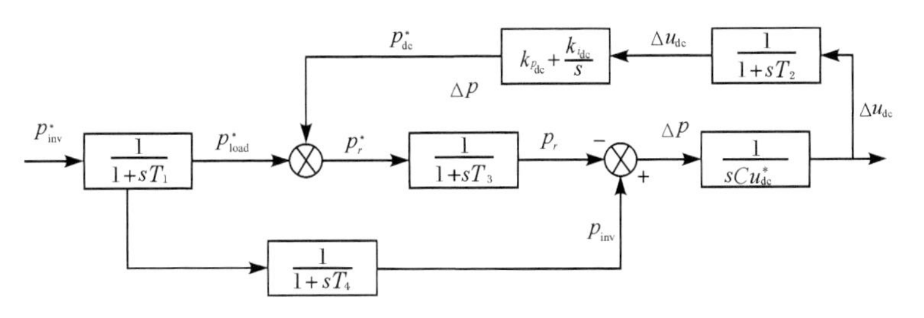

图 13.3　双 PWM 变频系统功率前馈控制结构图

13.3.2　负载功率前馈协调控制的动态分析

从前面的分析可以看出，负载侧功率的变化而引起的能量不平衡是直流侧电压波动的主要原因，而由图 13.3 可以得到直流母线电压变化与负载功率指令之间的传递函数，例如

$$\frac{\Delta u_{dc}}{p_{inv}^*}=\frac{s^2(1+sT_2)[(T_1+T_3-T_4)+sT_1T_3]}{(1+sT_4)(1+sT_1)\Delta(s)} \tag{13.14}$$

$$\Delta(s)=s^4T_2T_3Cu_{dc}^*+s^3(T_2+T_3)Cu_{dc}^*+s^2Cu_{dc}^*+sk_{p_{dc}}+k_{i_{dc}} \tag{13.15}$$

通常，因为系统采样和计算的延时，p_{inv}^*到 p_{load}的惯性时间常数 T_1大于 T_4。假设负载功率响应与整流器的输入功率响应相等，即

$$T_3=T_4 \tag{13.16}$$

结合式(13.15)和式(13.16)可得

$$\frac{\Delta u_{dc}}{p_{inv}^*}=\frac{s^2T_3(1+sT_2)}{(1+sT_4)\Delta(s)} \tag{13.17}$$

式(13.17)为负载功率指令到直流母线电压波动的函数表达式，用同样的方法还可以求出在无负载功率前馈协调控制时负载功率指令到直流侧电压波动的传递函数表达式，如式(13.18)所示：

$$\frac{\Delta u_{dc}}{p_{inv}^*}=\frac{s(1+sT_2)(1+sT_3)}{(1+sT_4)\Delta(s)} \tag{13.18}$$

式(13.18)表明，当用测量的手段获取负载功率前馈指令时，$T_1>T_4$，即负载功率指令值到前馈功率指令值之间的延时将大于输出的响应时间。如果将 p_{inv}^*直接作为负载前馈功率的指令值，则可以近似认为 p_{inv}^*到前馈功率指令值之间的时间常数为零，即 $T_1=0$

系统结构图如图 13.4 所示。

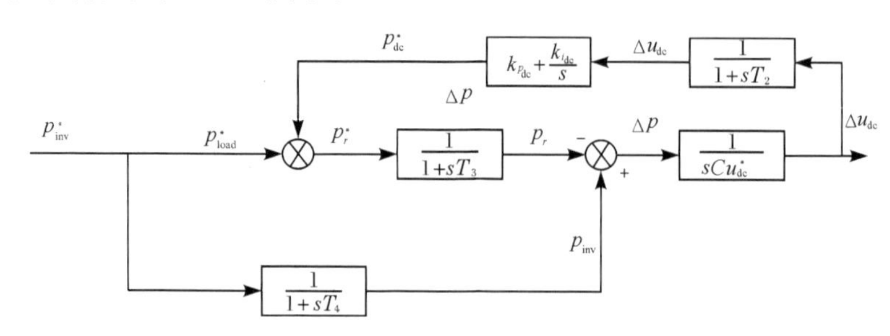

图 13.4　双 PWM 变频系统负载功率估算前馈协调控制结构图

此时，根据式(13.13)和式(13.5)可得

$$\frac{\Delta u_{dc}}{p_{inv}^*}=\frac{s(1+sT_2)(T_3-T_4)}{(1+sT_4)\Delta(s)} \tag{13.19}$$

式(13.19)为采用负载功率估算后的系统闭环传递函数。式(13.19)表明，采用负载功率估算的方法以后，如果能控制 $T_3=T_4$，即控制整流器的输入功率和负载功率响应之间的时间相等，直流侧电压的波动不再受负载功率变化的影响，即

$$\frac{\Delta u_{\mathrm{dc}}}{p_{\mathrm{inv}}^{*}}=0 \tag{13.20}$$

但是在实际的应用中，估算都不是绝对精确的，存在各种误差，误差的存在必然会对直流电压的波动产生一定的影响，定义式(13.21)：

$$P_{\mathrm{error}}=p_{\mathrm{inv}}^{*}-p_{\mathrm{load}}^{*}, \quad T_3=T_4 \tag{13.21}$$

根据图 13.4 可以得到直流电压波动和估算误差之间的传递函数，如式(13.22)所示：

$$\frac{1}{sCu_{\mathrm{dc}}^{*}}\left\{p_{\mathrm{inv}}^{*}\frac{1}{1+sT_4}-\frac{1}{1+sT_3}\left[\frac{1}{1+sT_2}\left(k_{p_{\mathrm{dc}}}+\frac{1}{k_{i_{\mathrm{dc}}}}\Delta u_{\mathrm{dc}}+p_{\mathrm{inv}}^{*}-p_{\mathrm{error}}\right)\right]\right\}=\Delta u_{\mathrm{dc}} \tag{13.22}$$

整理可得

$$\frac{\Delta u_{\mathrm{dc}}}{p_{\mathrm{error}}}=\frac{s(1+sT_2)(1+sT_3)}{\Delta(s)} \tag{13.23}$$

为了定量分析在由功率前馈协调控制时和无功率前馈协调控制时系统的动态响应情况，作出传递函数式(13.17)和式(13.18)的波特图如图 13.5 所示，控制器参数见表 13.2。

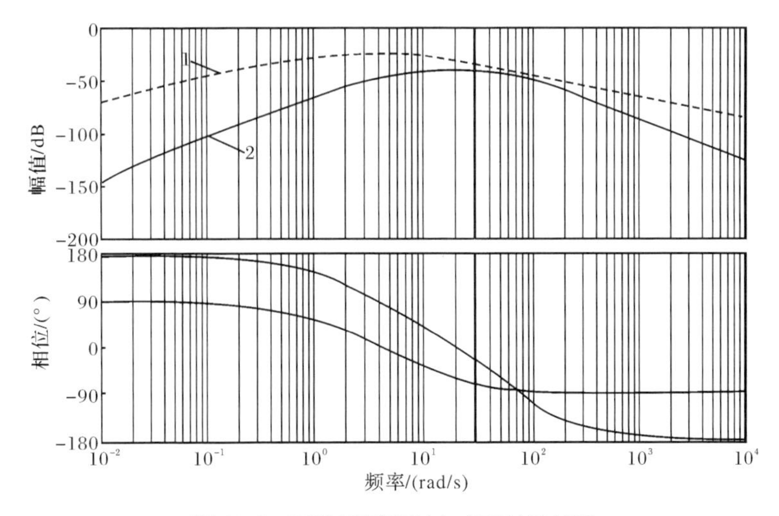

图 13.5　两种不同控制方式下的波特图

表 13.2　控制器参数

控制器参数	数值	控制器参数	数值
T_1	3.5ms	$k_{p_{dc}}$	14
T_2	0.5ms	$k_{i_{dc}}$	140
T_3	3ms	C	660μF
T_4	3ms	u_{dc}^*	600V

图 13.5 中的曲线 1 是没有引入功率前馈时的波特图，曲线 2 是引入了负载功率前馈时的波特图，从图中可以看出，当双 PWM 变频系统采用了负载功率前馈协调控制时，系统对直流母线电压的波动能起到较强的抑制作用。

图 13.6 为式(13.23)的波特图，曲线 1、2、3 分别是估算的误差为误差值 2 倍、1 倍、0.1 倍时的波特图，由曲线对比可以看出，当采用负载功率前馈协调控制时，估算的误差对系统直流电压的波动产生较大影响，误差越小，系统性能就越好。

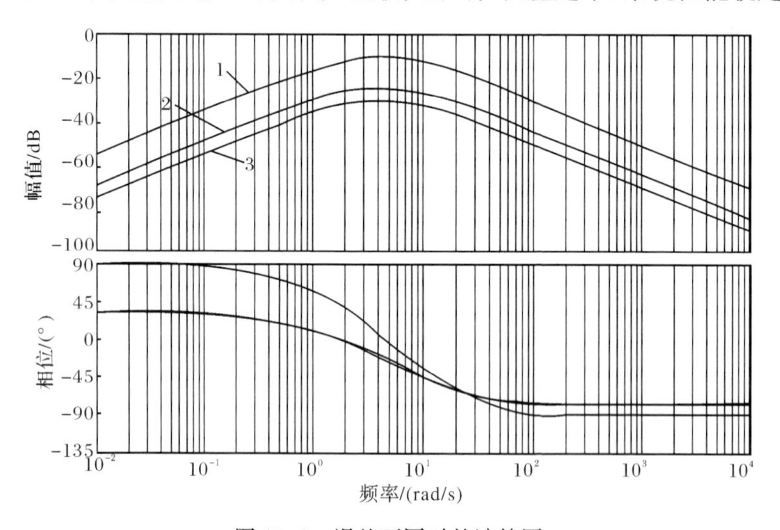

图 13.6　误差不同时的波特图

13.3.3　负载功率的估算

如果对逆变桥路损失的功率忽略不计，负载功率一般指的是电机消耗的功率，设负载功率为 P_{inv}，负载功率一般有以下几种计算方法[7]。

1. 测量计算

负载消耗的功率等于流入逆变桥部分的功率，如果能测得流入逆变桥的电流，再有直流母线的电压就可以计算出负载消耗的功率，即

$$P_{\text{inv}}=u_{\text{dc}}i_L \tag{13.24}$$

这种计算方法简单直观，不过流入逆变部分的电流通常是脉冲形式的，另外，在实际的应用中，直流母线部分是由多层的金属板结构构成的，与 IGBT 模块安装在一起，空间紧凑，这样做的目的是为了减少杂散电感。在这种情况下，很难装设电流传感器，即使可以安装，负载电流 i_L 也会因为逆变电路开关状态不断地变化而输出形状不规则的脉冲波形，因此，难以在一个 PWM 的周期内找到合适的一个瞬时值进行采样从而代替周期平均值，虽然加入高通滤波器可以滤除高频脉冲的影响，但是，滤波器又会降低系统的响应的快速性，所以，这种方法可行性较低。

2. 根据占空比计算

忽略死区效应并且在不计功率器件的导通和关断时间的情况下，逆变部分的输入功率可以由式(13.25)计算得到：

$$P_{\text{inv}}\approx u_{\text{dc}}(S_a i_a+S_b i_b+S_c i_c) \tag{13.25}$$

该方法根据测得的直流母线电压、逆变桥的控制信号占空比和电机的三相电流近似估算。

3. 利用电机状态变量估算

利用逆变部分电机矢量控制中的状态变量结合瞬时功率理论对负载功率进行计算，如式(13.26)所示：

$$P_{\text{inv}}=u_{sd}i_{sd}+u_{sq}i_{sq}\approx u_{sd}^{*}i_{sd}+u_{sq}^{*}i_{sq} \tag{13.26}$$

这种计算方法和式(13.25)的计算方法实质上是一样的，这两种方法不用再增加额外的传感器，节省成本，但采用这种方法进行功率前馈时，实际功率和负载功率之间有较大的延时，影响系统动态性能。

综上所述，在双 PWM 变频器负载功率信息前馈的协调控制中，网侧整流器采用固定开关频率的直接功率控制策略，逆变部分采用按转子磁链定向的矢量控制策略，利用矢量控制中获得的电机定子电流在两相旋转坐标系下的分量可以获得电机的瞬时功率，将逆变部分的功率指令值前馈给网侧整流器的有功功率输出指令上，这样，网侧整流器可以根据负载功率的需要进行输出，保证二者之间能量的平衡，从而维持直流母线电压的稳定。

忽略逆变部分的功率开关器件的开关损耗，则电机的输出功率等于负载功率，由前面的矢量控制，可以得出电机输出的功率指令值为

$$P_{\text{inv}}=\frac{3}{2}(u_d^{*}i_d^{*}+u_q^{*}i_q^{*}) \tag{13.27}$$

采用式(13.27)这种功率计算方法进行前馈，可以降低网侧整流器电压外环的调节压力，系统动态响应迅速。

13.4　仿真及结果分析

为验证本节所讨论的功率前馈控制方式的正确性，利用 MATLAB 工具箱 Simulink 仿真平台进行了仿真，仿真参数如下：三相电源的电压有效值为 220V，直流电容 $C=100\mu F$，直流电压给定值 $u_{dc}^{*}=600V$，异步电机功率 $P=4kW$，$R_s=1.405\Omega$，$L_s=58mH$，$L_r=58mH$，$R_m=1.395\Omega$，$L_m=172.2mH$，$J=0.0131kg\cdot m^2$。

图 13.7(a)和(b)分别为双 PWM 变频系统在采用无负载电流前馈的独立控制时直流母线电压的整体波形和负载突变时的放大波形，其中图 13.7 中的波形是在中间直流电容为 2000μF 时的结果。图 13.8(a)和(b)分别为双 PWM 变频系统在采用负载电流前馈时直流母线电压的整体波形和负载突变时的放大波形，图 13.8 给出的是双 PWM 变频系统在中间直流电容为 200μF 时的结果，在 0.2s 时，电机转矩由 10kg·m 突变为 15kg·m，由两图的对比可以看出，采用了负载电流前馈的协调控制策略的直流母线电压波动比采用独立控制时波动要小，只有 10V 左右，且系统能在负载突变后很快重新恢复到电压指令值，由仿真结果可以验证，负载电流前馈协调控制在负载状态突变时能够很好地抑制直流电压的波动，且响应的时间较快。

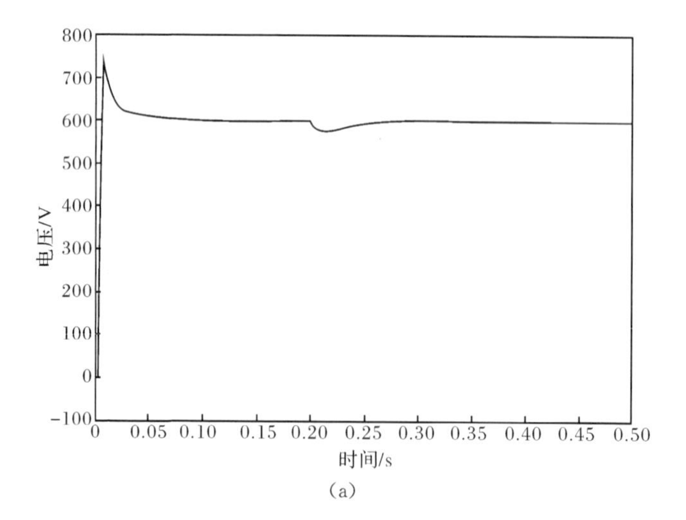

(a)

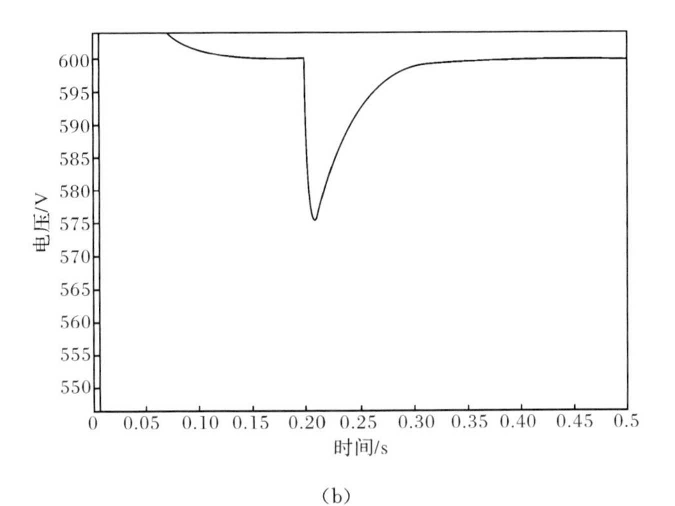

(b)

图 13.7　无负载信息前馈时直流侧电压波形

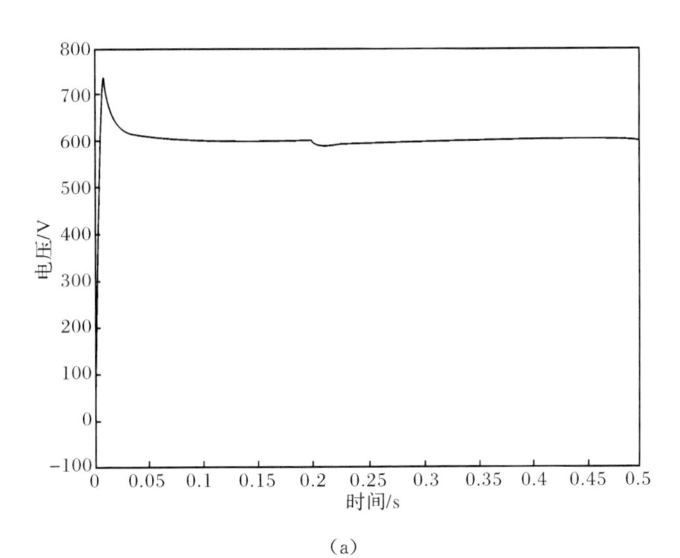

(a)

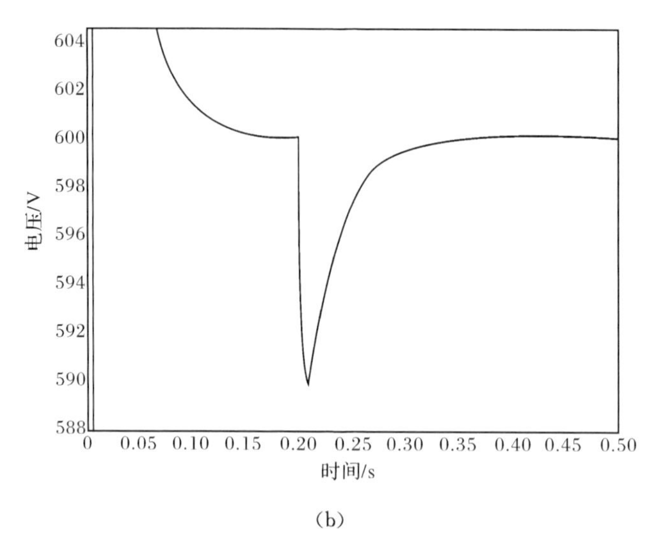

(b)

图 13.8 负载功率前馈时直流侧电压波形

图 13.9(a)和(b)分别为无负载功率前馈时和有负载功率前馈时双 PWM 变频系统网侧的电压和电流波形，由两个图可以看出，在双 PWM 变频系统里，电压和电流能始终保持同相位，但是在采用了负载电流前馈的控制系统中，网侧电压电流波形正弦化的程度更高，电流波形的毛刺较少，曲线更平滑，谐波含量比无前馈时要更低。

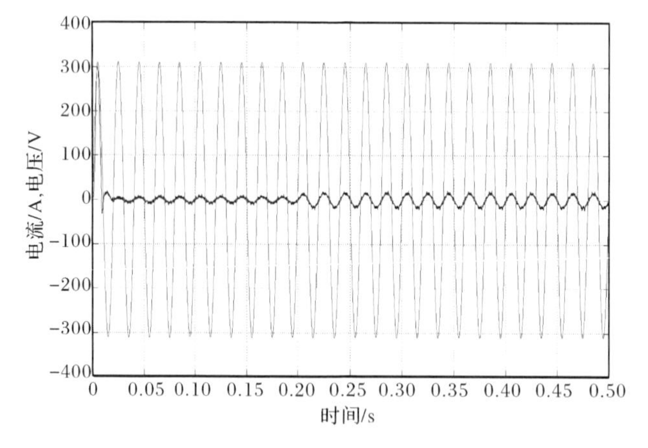

(a)

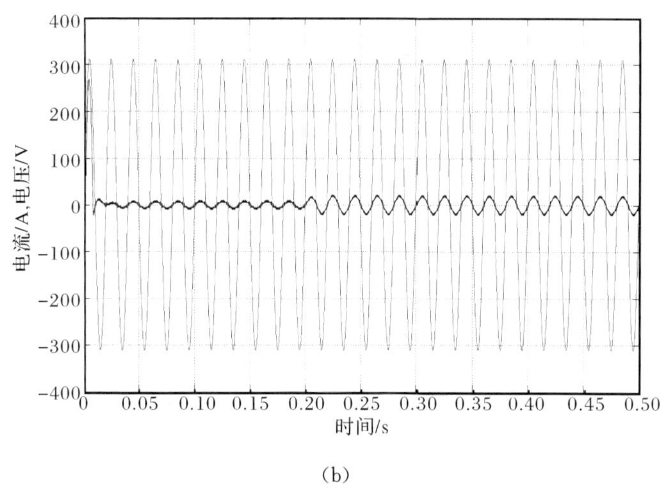

(b)

图 13.9　网侧电压电流波形

图 13.10 为无功率前馈时的功率波形，其中图 13.10(a)为有功功率波形，图 13.10(b)为无功功率的波形，由图中可以看出在 0.2s 电机转矩突变时，有功功率经过一段时间波动以后才能到达给定值，无功功率也有波动。

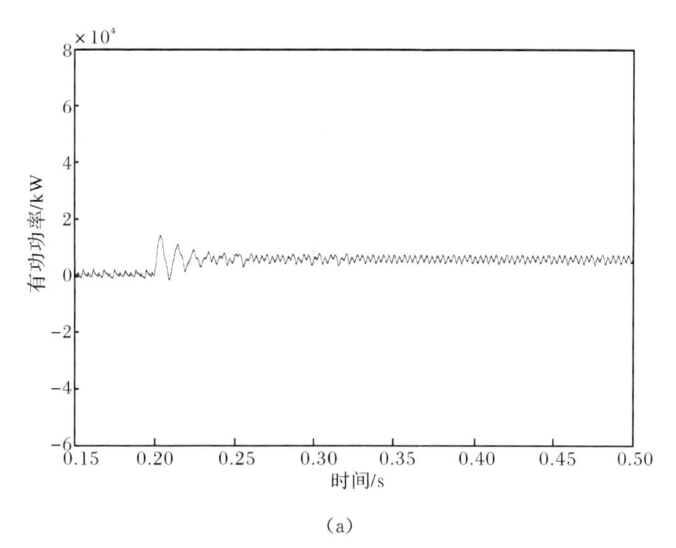

(a)

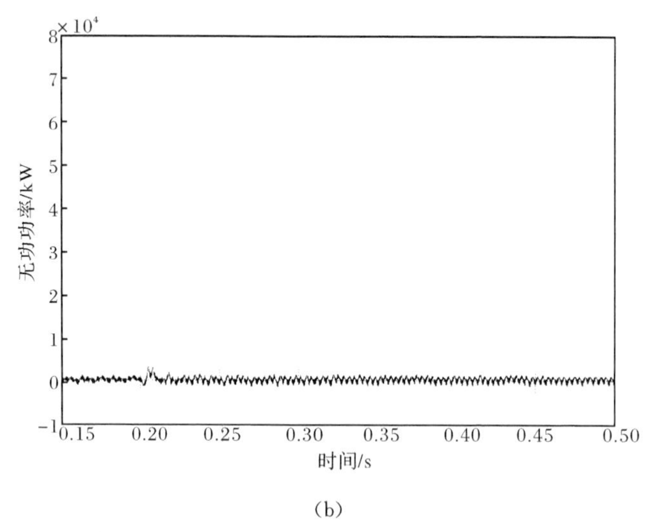

(b)

图 13.10　独立控制时有功功率和无功功率波形

图 13.11(a)和(b)分别为采用功率前馈控制时网侧的有功功率和无功功率波形,由图中的对比可以看出,采用功率前馈后,有功功率在 0.2s 电机转矩突变时能够迅速达到给定值并且保持稳定,无功功率一直维持在零左右,波动很小。由仿真结果的对比看,采用负载功率前馈的双 PWM 变频系统协调控制能够达到减小直流电容、抑制母线电压波动的目标,在该控制策略下,整流器能够根据负载的需要输出功率,达到节能的效果,功率响应迅速。

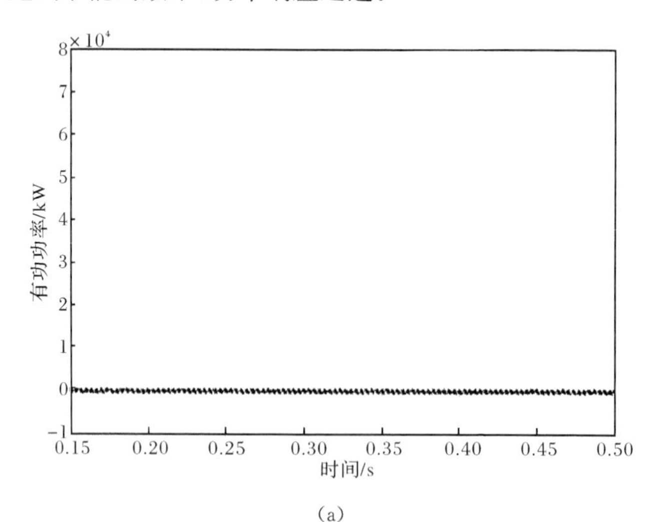

(a)

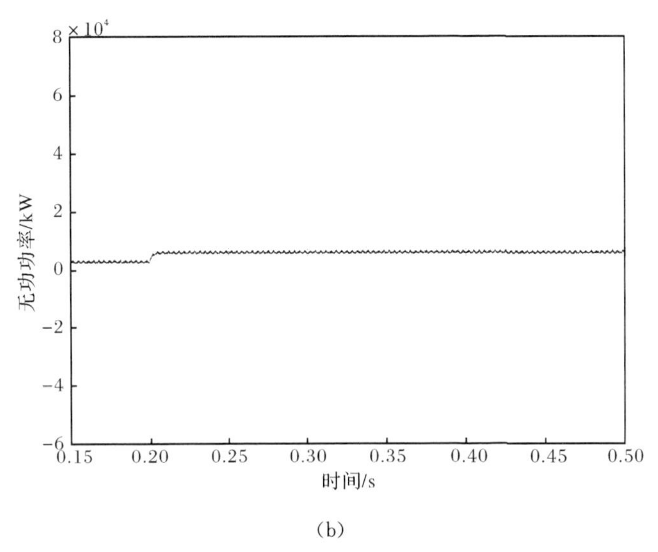

(b)

图 13.11　负载功率前馈时有功功率和无功功率波形

13.5　本章小结

本章主要围绕双 PWM 变频系统负载功率的前馈协调控制展开研究。首先，介绍了 PWM 整流器的传统直接功率控制，在对传统直接功率控制不足的分析基础上，对网侧整流器采用固定开关频率的直接功率控制，引入了功率前馈补偿的原理。逆变侧电机采用矢量控制，介绍了常用的集中负载功率的估算方法。然后，采用根据电机的状态变量估算出负载的功率的方法，构建了负载功率的前馈通道。最后进行了仿真。

参考文献

[1] 屈莉莉，张波. PWM 整流器控制技术的发展. 电气应用，2007，26(2)：6-11.

[2] Bouafia A，Gaubert J P，Krim F. Predictive direct power control of three-phase pulsewidth modulation (PWM) rectifier using space-vector modulation (SVM). IEEE Transactions on Power Electronics，2010，25(1)：228-236.

[3] 李昆鹏，万健如，宫成，等. 双 PWM 变换器一体化控制策略. 电机与控制学报，2013，17(4)：72-74.

[4] 杨兴武，姜建国. 电压型 PWM 整流器预测直接功率控制. 中国电机工程学报，2011，31(3)：34-39.

[5] Li G Y，Wan J R，Li M S. Direct power controlled three phase boost type PWM rectifier

based on novel switching vector table. Advanced Materials Research, 2011, 308-310: 1269-1272.

[6] Malinowski M, Jasinski M, Kazmierkowski M P. Simple direct power control of three-phase PWM rectifier using space-vector modulation (DPC-SVM). IEEE Transactions on Industrial Electronics, 2004, 51(2): 508-515.

[7] 李光叶. 双 PWM 变换器协调控制研究. 天津:天津大学博士学位论文,2011.